U0264640

广西获得中国农产品地理标志登记的水产品科普丛书

全州禾花鱼

广西壮族自治区水产技术推广站

广西农业工程职业技术学院

全州县水产技术推广站 | 编写

广西九农咨询策划有限公司

张秋明　蒋经运　黎玉林

荣仕屿　李坚明　何金钊 | 主编

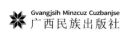

Gvangjsih Minzcuz Cuzbanjse
广西民族出版社

图书在版编目（CIP）数据

全州禾花鱼 / 张秋明等主编 .—南宁：广西民族出版社 .2023.12
（广西获得中国农产品地理标志登记的水产品科普丛书）

ISBN 978-7-5363-7722-6

Ⅰ.①全… Ⅱ.①张… Ⅲ.①稻田—介绍—全州县
Ⅳ.① S964.2

中国国家版本馆 CIP 数据核字（2023）第 173127 号

广西获得中国农产品地理标志登记的水产品科普丛书

QUANZHOU HEHUAYU

全州禾花鱼

广西壮族自治区水产技术推广站
广西农业工程职业技术学院
全州县水产技术推广站　　　　　编写
广西九农咨询策划有限公司

张秋明　蒋经运　黎玉林　荣仕屿　李坚明　何金钊　　主编

出　版　人：石朝雄
策划组稿：陶安宁
责任编辑：陶安宁
装帧设计：陈　卓
责任印制：梁海彪
出版发行：广西民族出版社
　　　　　地址：广西南宁市青秀区桂春路 3 号　　邮编：530028
　　　　　电话：0771-5523216　　传真：0771-5523225
　　　　　电子邮箱：bws@gxmzbook.com
印　　刷：广西壮族自治区地质印刷厂
规　　格：787 毫米 × 1092 毫米　1/16
印　　张：16.5
字　　数：230 千
版　　次：2023 年 12 月第 1 版
印　　次：2023 年 12 月第 1 次印刷
书　　号：ISBN 978-7-5363-7722-6
定　　价：58.00 元

※ 版权所有·侵权必究 ※

丛书编委会

主　任：张秋明

副主任：李坚明　何金钊　荣仕屿

委　员：黄伟德　杨伯华　文衍红　裴　琨

　　　　黄广杰　唐　春　叶忠平　黄　恺

　　　　黄德生　黄俊秀　陈瑞芳　蒋经运

　　　　陈寿福　宾　强　莫波飞　莫洁琳

　　　　黄敬权　黄　捷　韦汉英　张讯潮

　　　　廖雪芬

本书编委会

编写单位： 广西壮族自治区水产技术推广站

广西农业工程职业技术学院

全州县水产技术推广站

广西九农咨询策划有限公司

主　编： 张秋明　蒋经运　黎玉林　荣仕屿　李坚明　何金钊

执行主编： 诸葛毅　蒋建辉　刘勋凯　熊亚军

副主编： 闫晓琼　邓小红　张讯潮　杨礼惠　罗璇　黄恺　唐春

参　编： 马荣荣　马剑云　马桂玉　王永贵　王亮　王祖辉　王海红

王焕菁　文春艳　文继辉　邓发　邓盛敏　邓琳　朱贵松

刘诗媛　张朝忠　闫荣华　农新闻　李秀珍　李黄川　杨玲英

杨景生　杨黎明　郑照全　旷石头　陈小军　陈贵玉　陈豪龙

林圆圆　周田秀　周晴　庞广潮　赵俊明　赵艳梅　经纬华

俞苏　唐文靖　唐东姣　唐冬生　唐明　唐旭　唐柏球

唐咸武　唐锋　唐浩然　唐乾家　唐维　宾俊富　盘庚

蒋文艳　蒋田中　蒋玉城　蒋成生　蒋建明　蒋洋阳　蒋祖宣

蒋雄芳　蒋福祥　蒋德弟　蒋济红　蒋洪志　蒋儒文　蒋炳清

蒋翠连　崔大宏　熊海林　庾志勇　滕焕志　廖万波　廖科

谭红

丛书序

　　农产品地理标志是指标示农产品来源于特定地域，产品品质和相关特征主要取决于自然生态环境和历史人文因素，并以地域名称冠名的特有农产品标志。此处所称的农产品是指来源于农业的初级产品，即在农业活动中获得的植物、动物、微生物及其产品。

　　为做大做强广西传统地域品牌渔业产业，推动特色渔业区域经济快速发展，原广西壮族自治区水产畜牧兽医局按照原农业部的总体工作部署和安排，从 2009 年开始启动渔业农产品地理标志登记工作。至 2021 年底，广西获得国家农产品地理标志登记的渔业农产品共有 20 个，合计生产面积 52.26 万公顷，总产量 54.6 万吨。这些渔业农产品地理标志，是广西传统渔业生产长期以来形成的历史文化遗产和地域生态优势品牌，既是知名的水产养殖产品产地标志，也是重要的水产养殖产品质量标志，是水产养殖产品质量安全工作的重要抓手和载体。对渔业农产品地理标志实施登记和保护，是推进优势特色渔业产业发展的重要途径和措施，不仅对提升广西特色渔业产品品质、创立渔业产品区位品牌和扩大渔业产品出口贸易十分重要，而且对促进广西区域特色经济发展、带动农业增效、农民增收，促进乡村振兴意义重大。

　　为贯彻习近平总书记视察广西时系列重要讲话精神，进一步推动广西特色渔业经济快速发展，广西农业工程职业技术学院和广西壮族自治区水产技术推广站共同组织各地水产技术推广机构、科研院所、高等院校、农产品地理标志申报主体、养殖生产主体及有关专家，深入挖掘整理广西已获证的 20 个渔业农产品地理标志的资源禀赋、农耕文化、技术传承、人文历史、产业前景等，编撰形成"广西获得中国农产品地理标志登记的水产品科普丛书"（以下简称"丛书"）。"丛书"入选的产品是已获得农业农村部发证的农产品地理标志产品，编写内容力求突出产品的地理标志特色，突出各产品独特的资源禀赋、文化底蕴、农耕技术、故事传承、科学研究、独特的生产操作规程、特色文化旅游、特色经济发展实例和品牌打造策略等。"丛书"图文并茂，雅俗共赏，普及面广，有收藏价值。

"丛书"以中国地理标志农产品申报登记保护的各种规章制度和相关标准为指导，突出各个农产品地理标志特色以及蕴含的文化传承和独特的农耕技术，旨在为广大水产科技工作者、教师、学生以及农产品地理标志爱好者提供参考。

希望这套"丛书"的出版发行，能为推进广西特色渔业经济发展、助力农业农村现代化和乡村振兴作出积极贡献。

丛书编委会
2022 年 6 月

前　言

　　全州禾花鱼学名鲤鱼（*Cyprinuscarpio*），分类地位：硬骨鱼纲（*Osteichthyes*）、腹鳍亚纲（*Actinopterygii*）、鲤形目（*Cypriniformes*）、鲤鱼属（*Cyprinus*）。

　　全州县位于广西东北部，湘江上游，东北部与湖南接壤，素有"广西北大门"之称。全州县总面积4021平方公里，现辖3乡15镇，2018年末总人口84.53万，其中少数民族人口4.66万，占全县总人口的5.51%，是桂林市行政区划面积最大、人口最多的县。全州县历史悠久、文化底蕴深厚，自汉置零陵郡，隋改湘源县，五代后晋置全州，元代升为路，明初改为府，旋降为州，直至清末，1912年改为全县，1959年10月更名全州县至今，已有2000多年历史。全州县历代人才辈出，从三国到清末，有历史名人百余名。教育氛围浓厚，自宋至清考取进士143名，举人1600多名，明代进士占广西的七分之一。全州县物产丰饶，资源得天独厚，有煤、锰、铅锌、钨锡等矿产品20多种，其中，锰矿储量700万吨以上，居广西第二。可开发风能储量达120万千瓦，水能理论蕴藏量25万千瓦。有林地面积27.83万公顷，森林覆盖率68.19%，是全国造林绿化百佳县。全州县是农业大县，优质谷、槟榔芋、"三辣"（辣椒、生姜、大蒜）等经济作物规模较大，盛产柑橘、葡萄、南方优质梨等水果，金槐、食用菌、水果等种植面积和总产量居桂林市前列。全州县是"中国金槐之乡"、全国瘦肉型良种猪生产基地、全国 100 个商品粮生产基地县之一，也是全国重要的干米粉生产基地。全州县旅游资源丰富，可开发景点 50 多处，以湘山寺、天湖、三江口等景观最负盛名。全州县名胜古迹众多，是红军长征湘江战役的主战场，湘江战役脚山铺阻击战旧址被列入《全国红色旅游经典景区名录》，湘江战役纪念园获批全国爱国主义教育示范基地，有凤凰嘴、大坪、屏山三大渡口，安和文塘红 34 师战斗遗址等革命遗迹遗存 168 处，红色资源居桂林市 11 县市第一位。这些独特的自然生态环境和独特的人文历史，孕育出具有独特农耕文化和农产品的生产技术，古今传承的稻田养殖禾花鱼就是其中的杰出代表。全州禾花鱼体短，腹大，头小，背部及体侧的鳞片呈金黄色或青黄色，鳃盖透明紫褐、腹部紫褐色皮薄，半透明隐约可见内脏，全身色彩亮丽，性情温和；全州禾花鱼骨软无腥味，肉质细嫩清甜，鲜嫩可口。据检测，全州禾花鱼每 100 克鱼肉含蛋白质 ≥ 14 克，脂肪 ≤ 4 克，每千克鱼肉含钙 ≥ 500 毫克、锌 ≥ 28 毫克、铁 ≥ 15.5 毫克。

2010 年 10 月，全州县水产技术推广站向中国农产品质量安全中心地理标志处提出全州禾花鱼农产品地理标志登记申请，2012 年 8 月农业部颁证批准全州禾花鱼农产品地理标志获得登记保护，证书编号为 AGI00942。

本书主要内容包括全州县自然资源概况、全州禾花鱼的地理分布与登记保护范围、全州禾花鱼的人文历史、全州禾花鱼的特征特性与营养价值、全州禾花鱼农产品地理标志的质量控制、全州禾花鱼的饮食文化与旅游拓展、全州禾花鱼知识问答、全州禾花鱼农产品地理标志保护意义与发展前景、全州禾花鱼产业发展群英谱等。

衷心感谢广西壮族自治区水产技术推广站、广西农业工程职业技术学院、全州县人民政府、全州县农业农村局、全州县文化广电体育和旅游局、全州县工业和信息化局、全州县民政局、全州县自然资源局、全州县林业局、全州县统计局、全州县公安局、全州县民族宗教局、桂林市全州生态环境局、全州县党史县志研究室、国家统计局全州调查队、全州县脱贫攻坚指挥部产业开发专责小组、全州县各乡（镇）人民政府、全州县水产技术推广站、全州县城乡建设站、全州县农村经济经营管理指导站、全州县鱼种场、广西德沁现代农业发展有限公司、柳州市万穗农业开发有限公司全州分公司、全州县稻香禾花鱼养殖有限公司、桂林全州县福华食品有限公司、广西桂林绿淼生态农业有限公司、全州天湖农业科技有限公司、广西禾花忆农业科技有限公司全州分公司、桂林海洋坪农业有限公司和广西九农咨询策划有限公司等单位在本书编写过程给予编写策划、资料收集、美食制作、图片拍照等工作上的支持和帮助。

书中难免有不足之处，敬请读者批评指正。

编　者

2022 年 12 月

目　录

第一章

全州县与渔业相关的社会生态环境及自然资源概况…………………… 1

第一节　全州县与渔业相关的社会生态环境　……………… 2

第二节　全州县与渔业相关的自然资源概况　……………… 10

第三节　全州农耕文化　………………………………… 14

第二章

全州禾花鱼生物学特性、品质特征、地理分布与营养价值………… 33

第一节　全州禾花鱼生物学特性　……………………… 34

第二节　全州禾花鱼品质特征　………………………… 38

第三节　全州禾花鱼地理分布　………………………… 40

第四节　全州禾花鱼的营养价值　……………………… 60

第三章

全州禾花鱼的人文历史………………………………………… 63

第一节　全州禾花鱼的发展历史　……………………… 64

第二节　全州禾花鱼的民间传说　……………………… 69

第三节　全州禾花鱼社会认知度　……………………… 72

第四节　全州禾花鱼发展潜力和市场需求　……………… 78

第四章

全州禾花鱼农产品地理标志质量控制措施………………… **85**

    第一节　生产范围控制措施 ………………………………86

    第二节　生产环境选择措施 ………………………………87

    第三节　生产方式控制措施 ………………………………90

    第四节　产品品质控制措施 ………………………………95

    第五节　包装标识使用控制措施 …………………………96

第五章

全州禾花鱼农产品地理标志知识问答………………… **97**

    第一节　有关农产品地理标志知识的问答 ………………98

    第二节　有关全州禾花鱼营养方面的问答 …………… 103

    第三节　有关全州禾花鱼价值方面的问答 …………… 104

    第四节　有关全州禾花鱼特征特性的问答 …………… 106

    第五节　有关全州禾花鱼人工繁育方面的问答 ……… 108

    第六节　有关全州禾花鱼养殖方面的问答 …………… 111

    第七节　有关全州禾花鱼加工方面的问答 …………… 116

    第八节　有关全州禾花鱼品牌及宣传方面的问答 …… 118

    第九节　纳入中国重要农业文化遗产保护方面的问答 … 121

    第十节　有关全州禾花鱼中国特色农产品优势区的问答 … 123

第六章

全州禾花鱼的文化与旅游拓展………………………… **127**

    第一节　全州禾花鱼养殖文化 ………………………… 129

    第二节　全州禾花鱼干制作技艺 ……………………… 132

　　第三节　全州禾花鱼的饮食文化 ………………………… 135

　　第四节　全州禾花鱼特色产业与旅游文化融合发展 ………… 148

第七章

全州禾花鱼农产品地理标志保护意义与发展对策 ………… **157**

　　第一节　全州禾花鱼农产品地理标志保护意义 ………… 158

　　第二节　全州禾花鱼农产品地理标志发展对策 ………… 159

第八章

全州禾花鱼产业发展群英谱 ……………………………… **169**

　　第一节　全州县鱼种场 ………………………………… 171

　　第二节　柳州市万穗农业开发有限公司全州分公司 ……… 175

　　第三节　广西德沁现代农业发展有限公司 …………… 187

　　第四节　全州天湖农业科技开发有限公司 …………… 208

　　第五节　广西桂林绿淼生态农业有限公司 …………… 217

　　第六节　广西禾花忆农业科技有限公司 ……………… 224

　　第七节　桂林海洋坪农业有限公司 …………………… 228

　　第八节　全州县稻香禾花鱼养殖有限公司 …………… 231

　　第九节　桂林全州县福华食品有限公司 ……………… 234

附录一　全州禾花鱼农产品地理标志登记申请人的批复 ………… 237

附录二　全州禾花鱼农产品地理标志地域保护范围的批复 ……… 238

附录三　中华人民共和国农产品地理标志质量控制技术规范

　　　　《全州禾花鱼》 …………………………………… 239

参考文献 ……………………………………………………… 247

第一章

全州县与渔业相关的社会生态环境及自然资源概况

第一节　全州县与渔业相关的社会生态环境

　　全州县，是一个具有2000多年历史的古邑（有出土文物显示建置于公元前401年的楚悼王元年）。自汉置零陵郡，隋改湘源县，五代后晋置全州，元代升为路，明初改为府，旋降为州，直至清末，民国改为全县，1959年10月更名全州县至今。全州县位于广西壮族自治区东北部，地处湘桂走廊北端，湘江上游，东北依次与湖南省道县、双牌县、永州市、东安县、新宁县交界，南、东南与兴安、灌阳二县接壤，西与资源县毗邻。地理位置优越、交通便利，湘桂铁路自东北向西南斜穿全县8个乡镇，国道322线、衡昆铁路与之平行，构成了全州对外交通的主干线，素有"广西北大门"之称。全州县地域宽广，土地面积4021平方公里，占桂林市的14.5%，

依山傍水的全州县城（张秋明　摄）

全州天湖（张秋明　摄）

辖 3 乡 15 镇，共 18 个乡镇，分别是全州镇、文桥镇、庙头镇、永
岁镇、黄沙河镇、枧塘镇、东山瑶族乡、白宝乡、蕉江瑶族乡、两
河镇、安和镇、石塘镇、凤凰镇、咸水镇、绍水镇、才湾镇、龙水
镇、大西江镇；截至 2018 年 11 月 30 日，全县总人口 84.53 万，
其中乡村人口 70.8 万，总户数 24.66 万户，少数民族人口 4.66 万，
占全县总人口的 5.51%。全州县是桂林市行政区划面积最大、人口
最多的县。

全州县境内东、南、西、北部为都庞岭、海洋山、越城岭环绕，
西北、东南、西南高山环绕，地势由西南向东北倾斜，中部为宽阔
的湘江谷地，著名的湘桂走廊，西部为越城岭山脉，主峰真宝顶海
拔 2123 米，为县境最高峰，华南第二高峰，东南是都庞岭，南面
为海洋山。

全州县物产丰饶，资源得天独厚。有煤、锰、铅锌、钨锡等矿产品20多种。其中，锰矿储量700万吨以上，居广西第二。可开发风能储量达120万千瓦，水能理论蕴藏量25万千瓦。有林地面积27.83万公顷，森林覆盖率68.19%，是全国造林绿化百佳县。全州县是农业大县，优质谷、槟榔芋、"三辣"（辣椒、生姜、大蒜）等经济作物规模较大，盛产柑橘、葡萄、南方优质梨等水果，金槐、食用菌、水果等种植面积和总产量居全市前列，全州禾花鱼、文桥鸭、东山猪、石塘生姜、安和香芋通过国家地理标志保护登记认证。全州县是"中国金槐之乡"、全国瘦肉型良种猪生产基地、全国100个商品粮生产基地县之一，也是全国重要的干米粉生产基地。旅游资源丰富，可开发景点50多处，以湘山寺、天湖、三江口等景观最负盛名。全州县名胜古迹众多，是红军长征湘江战役的主战场，湘江战役脚山铺阻击战旧址被列入《全国红色旅游经典景区名录》，湘江战役纪念园获批全国爱国主义教育示范基地。有凤凰嘴、大坪、屏山三大渡口，安和文塘红34师战斗遗址等革命遗迹遗存168处，红色资源居桂林市11县市第一位。

全州葡萄种植园区（蒋儒文　摄）

全州禾花鱼（蒋经运　摄）　　　　　　全州文桥鸭（唐维　摄）

全州天湖景区

三江口景区（蒋儒文　摄）

红军长征湘江战役纪念园（蒋儒文　摄）

红军长征湘江战役纪念馆（蒋儒文　摄）

　　全州县是一个农业生产大县，同时也是一个水产畜牧业大县，
更是一个稻田养鱼大县，多年来全县经济持续健康发展，经济总量
不断扩大，农业生产和农业经济平稳增长。2018年全县粮食种植
面积118.8万亩，增长0.57%。全县农林牧渔业总产值82.06亿元，
增长5.2%。其中，农业产值56.35亿元，增长6.58%；林业产值
5.68亿元，增长0.98%；牧业产值16.84亿元，增长2.76%；渔业
产值3.19亿元，增长2.38%。2018年全县城镇居民人均可支配收入
32943元，比上年增长6.4%。农村居民人均可支配收入达到14651
元，比上年增长9.1%。固定资产投资219.04亿元，增长21.3%；
财政收入8.56亿元，增长9.2%；社会消费品零售总额45.52亿元，

全州稻田艺术（邓琳　摄）

稻田禾花鱼收获场景（邓琳　摄）

增长 11.5%，其中，固定资产投资、财政收入、社会消费品零售总额增幅均排名市级前列。近年来，全州县积极引进外来资金，撬动民间资本，创建全国稻田养鱼示范县，鼓励农业企业、养殖大户、农民合作社积极创建稻渔综合种养现代农业核心示范区、国家级稻渔综合种养示范区。推动"公司＋基地＋农户模式、种＋养＋休闲渔业"模式。目前，全州县已创建国家级稻渔综合种养示范区1个，桂林市现代农业核心示范区2个，国家级休闲渔业示范区1个、自治区级休闲渔业示范区1个。全州禾花鱼、东山猪、文桥鸭、石塘生姜等已被认定为国家地理标志保护农产品。全州县先后被授予全国科技进步先进县、全国粮食生产先进县、全国食用菌优秀基地县、全国生猪调出大县、全国国土资源节约集约模范县、全国商品粮生产基地县、广西特色水产业先进县等荣誉称号，入选国家现代农业示范区、第二批国家农产品质量安全县（市）创建试点

单位、国家新型城镇化综合试点地区、全国电子商务进农村综合示
范县等。

近年来，全州县围绕"建设广西北大门、打造桂林市域副中心
城市"发展定位，推动经济社会快速发展。城北新区规划面积 11 平
方公里，创业大厦、体育中心、全州高中新校区等重大项目建成使
用，城市新中心地位显现。乡村振兴全面推进，完成 4 批新型城镇
化示范乡镇建设和一批田园综合体建设，大碧头康养、红色丰碑均
为"桂林市五星级田园综合体"。现代特色农业示范（园）区创建
数量居全市第一。新材料、桂酒及米粉等优势产业加快发展，年产
优质干米粉居全国第一。生态文化旅游融合发展，创建 4A 级景区
3 家、3A 级景区 4 家。全州县先后荣获全国粮食生产先进县、全
国生猪调出大县、全国农村产业融合发展示范园、国家现代农业产
业园、全国农村人居环境综合整治试点县、全国水系连通及水美乡
村试点县、广西全域旅游示范县、广西科学发展进步县。2021 年
GDP 为 193.09 亿元，增长 8%；一产 76.02 亿元，增长 8%；二产
24.22 亿元，增长 7.5%；三产 92.85 亿元，增长 8.1%。固定资产投
资 103.21 亿元，增长 11.6%；一般公共预算收入 5.15 亿元，增长
15.2%；城镇和农村居民人均可支配收入分别为 39293 元、19695 元，
分别增长 6.6%、10.9%，实现经济逆势增长，主要经济指标增幅排
全市前列，全州经济发展水平迈入全市第一方阵。

第二节　全州县与渔业相关的自然资源概况

　　全州县地处越城岭和都庞岭两大山脉之间，地形特点是南部、西北部及东南部群峰耸立，高山环绕，地势较高；西南和东北部较低；中部以河谷小平原为主，间以山丘、台地；整个地形呈西南向东北倾斜的势态。地形地貌有山地、丘陵、平原、台地、岩溶，主要属山地地貌。土壤类型复杂，有红壤、黄壤、黄棕壤、石灰土、紫色土、山地草甸土、冲积土、水稻土8个土类，可分为17个亚类，54个土属，137个土种。红壤土185万多亩，黄壤土92万多亩，黄棕壤土20万亩，分别占林业用地和耕地面积的43.6%、23.52%和4.59%。中山、低山占52.5%，石山占6.47%，丘陵、台地占9.74%，平原占29.44%，河流水面占1.79%，海拔最高为2123.4米，最低为200米。全州县地貌分为四个区域，一是县境西部、西北部中山地貌区，主要由加里东期花岗岩组成；二是县境西部及东部的都庞岭北段和南部低山地貌区，主要由碎屑岩、碳酸盐岩及花岗岩组成；三是县境中部偏西的大西江、龙水、咸水、安和与蕉江等地丘陵地貌区，主要由古生代碎屑岩和碳酸盐岩组成；四是全州镇南部、石塘镇等和东南部的岩溶地貌区，地下河及溶洞较多。

　　全州县境内江河纵横，流径6公里以上的河流有123条，其中干流1条、一级支流20条、二级支流55条、三级支流47条，沿程共2182公里，较大的一级支流有灌阳河、宜乡河、万乡河、长亭河、白沙河、咸水河、鲁塘江、建江。各类河流呈树枝状分布，水量丰富，可供农业灌溉，又宜大力发展水电事业。主流湘江，县内流域面积4003.46平方公里，县内流程110.1公里，河床平均宽

全州县城的湘江水面景观（张秋明　摄）

度约 180 米，多年平均流量 201 立方米每秒，平均径流深 1087.7
毫米。湘水沿岸多平畴沃土，历来为县内农业灌溉的主要源流。

　　全州县属中亚热带湿润季风气候区，气候差异明显，光照较
足，辐射较强，光能潜力较大。太阳年日照时数 1535.4 小时，6—
10 月日照时数达 947.6 小时，历年平均气温为 17.9℃，年极端气温
最高 40.4℃，最低 -6.6℃，冬春季各 80 天，夏季 130 天，秋季 70
天，冬短夏长，四季分明，无霜期 266—331 天，平均 299 天。境
内年初降雨量为 1474.5 毫米，一年中 3—5 月降雨多，平均降雨量
624.4 毫米，占全年降雨量的 42%，其中 5 月份降雨量最大，9—11
月降雨量最少，其中 9 月份最少，仅 54.7 毫米。由于地貌和地势不
同，雨量的空间分布也有差异，表现为山区多、丘陵平原地区少，
呈递减态势。

全州天湖雪景

全州稻田生态环境景象（蒋儒文　摄）

　　在以上这样的自然环境孕育下，全州县境内气候温和，物产富饶。一是森林丰富，全县森林覆盖率为 68.19%；二是广西水果主产区，主要名优水果有碰柑、脐橙、银杏、全州蜜梨；三是全国重要商品粮基地，粮食作物以水稻为主。丰富的水稻资源为稻田养殖禾花鱼奠定了坚实基础。全州县现有稻田 54.95 万余亩，其中适宜混养鱼类的保水田约 45 万亩。优良的气候、水质为打造绿色生态健康的全州禾花鱼产品提供了优越的自然资源和得天独厚的自然生态环境。在稻田养鱼的生产过程中，由于鱼类在稻田内起到除草、除虫、松土、鱼粪肥田的作用，因而几乎不用或少用化肥、农药和除草剂，大大降低了产品的农药残留量，从而提高了水稻和水产品的食用安全和品质质量。全州稻田放养的禾花鱼以其生态、绿色、健康、安全且肉质鲜美而广受消费者青睐。

第三节　全州农耕文化

　　全州县自古以来，以汉族、壮族、侗族、瑶族为主的多民族风情，以及红军长征湘江战役留下的红色基因和革命精神，激励着这片土地的人民不断艰苦奋斗，也孕育出全州独特的农耕文化。

　　全州县世居少数民族主要是瑶族。全州县域有 2 个瑶族乡，24个瑶族行政村；278 个瑶族自然村，瑶族人口 32509 人。东山瑶族乡的瑶族有 8972 户，25947 人；蕉江瑶族乡的瑶族有 1668 户，4280 人。此外，安和镇、凤凰镇、石塘镇、咸水镇、绍水镇、才湾

清水村瑶族古民居

镇、永岁镇有瑶族聚居。绍水镇散居在黄毛江、小柘等 10 个片村有苗族、侗族近 200 人。

民族村寨是传承民族文化的有效载体，是发展特色经济的宝贵资源。保护古民居是传承瑶族文化的重要桥梁，而规范推进发展稻渔综合种养新技术，是发展瑶族特色经济的重要措施。全州县东山瑶族乡在清水村瑶族古村寨保护与特色经济发展上所做的各项工作就是传承瑶族文化、发展特色经济的杰出代表。为保护全乡瑶族古民居，该乡党委、政府在上级部门和领导的关心支持下，努力维护其传统特色建筑，收集并保护瑶族传统文化，把少数民族特色村寨保护建设与开展社会主义新农村建设、发展民族特色旅游产业结合起来，在充分发挥政府主导作用的同时，整合各方资源，积极筹措资金，对清水村瑶族古村寨开展了抢救性保护和发展性建设，取得了良好成效。

清水村地处全州县东南部都庞岭高寒山区的东山瑶族乡，与东山瑶族乡人民政府相邻。这里风景优美、山清水秀，民风民俗原始古朴，民居风貌独具特色，全村有 306 户 1025 人，全部为瑶族。该村地域面积约 5 平方公里，耕地面积 1800 亩，主要产业为传统种植业、稻渔综合种养业及劳务输出服务业。元明清以来，该村的民族语言（瑶话）、服饰及农历三月三赶歌坛、十月十六盘王节等瑶族传统文化沿袭至今。每年的盘王节是周边区域影响力最大的瑶族节庆，神秘的祭祀盘王仪式，民族风情浓厚的瑶族歌舞表演、激烈的斗鸟事宜，吸引了来自各界的嘉宾。

清水村共有明清以来砖瓦结构的传统特色建筑 80 余座、清代水井 1 口、青石板古驿道 1 条、青石板巷道 5 条、清代古门楼及石刻 3 座，为保持其古貌特色，乡党委、政府与村委、居民协调一致，以村规民约的形式规定，古建筑群区域内一律禁止拆旧及改变古建筑原貌、新建建筑物，并组织居民每年对各自所有的老屋（古建筑）、

瑶族群众盛装出行参加宴席

古戏台及文化中心进行修缮，最大限度保存了村落原始古貌，民居的历史本色。每年对古隘口清理杂草灌木，同时清理往还通道，对相关部位进行加固，既保证了它能充分展示历史沧桑，又能焕发新的活力，起到了昭示历史、警示后世的目的。

东山瑶族乡历来有自己独特的服饰、语言、礼仪、节日等民俗文化。为保留和发扬这些优秀的瑶族文化，乡党委、政府进行了多方位的引导。利用农历三月三歌节、十月十六日盘王节、建乡周年庆典等重大节日，组织居民着瑶族盛装，排演瑶族青年男女山歌对唱等民族特色节目；请区市县文艺界人士到古村落写生、摄影、录制瑶族礼仪节目，同时利用全州县"中国桂林·全州湘山文化节"进行视频宣传；建成了瑶族文化陈列馆，并将极具瑶族特色的古老服饰、石磨、犁耙等日常用具及记事、艺术石刻收集陈设。引导居民从小学说自己的民族语言——瑶话。至今，清水村日常

交流用语基本是自己的民族语言；红白喜事基本沿用明清以来的
礼仪和习惯，良好的"复古"风使瑶族的优良传统得以有效保留
和发扬。

瑶族织绣传承

瑶族舞蹈

瑶族竹竿舞

瑶族"过火海"

　　清水村创新观念，把瑶族文化作为一个主导产业来抓，培育民
俗文化、民俗风情观光旅游业，与稻渔综合种养特色产业共同推进
协调发展，形成特色优势产业。以独特的三月三歌坛、农民丰收节
和十月十六盘王节等民族文化活动为载体，形成看瑶族表演、赏瑶
山风光、吃瑶寨菜肴、住瑶乡阁楼的旅游路线，将清水村打造成具
有浓厚民族文化气息的瑶族文化旅游精品村落，将村寨建设成为组
织健全、管理民主、经济富足、村风文明、邻里和睦的社会主义新
农村。

全州少数民族姑娘盛装推介全州禾花鱼

2020年中国农民丰收节稻田抓鱼比赛

　　全州地区气候温和，水源丰富，小盆地星罗棋布，适宜开垦良田，自古有种植水稻的传统。全州种植水稻的历史十分久远，源自古代越人的"雒田"。全州各族人民的祖先，是中国稻作文化的创始者之一。西汉武帝年间司马迁《史记·货殖列传》中记载："楚越之地，地广人稀，饭稻羹鱼，或火耕而水耨……"这说明越地是最先种植水稻的地区之一。又如刘锡蕃在《岭表纪蛮》中描述了少数民族地区耕作梯田的艰辛："蛮人即于森林茂密山溪物流之处，垦开为田。故其田畴，自山麓以致山腰，层层叠叠而上，成为细长的阶梯形。田塍之高度，几于城垣相若，蜿蜒屈曲，依山萦绕如线，而烟云时常护之。农人叱犊云间，相距咫尺，几莫知其所在。汉人以其形似楼梯，故以'梯田'名之。此等'梯田'，其开垦所需工程，甚为浩大。其地山高水冷，只宜糯谷。"

全州龙水镇大仙村千亩梯田

全州稻田养殖禾花鱼传统供水系统（张秋明　摄）

全州禾花鱼装捞工具（闫晓琼　摄）

　　全州县的水稻种植，早已形成一整套的传统耕作方式，从选种、育秧到防治病虫害，从施肥到精耕细作，从生产工具到水利设施的运用，均积累了丰富的经验。如：因地制宜、选择良种；掌握节气、培育壮秧；烧灰改土、冬翻晒田；精耕细作、施足肥料；拦河筑坝、修渠架笕；稻田养鱼、除草松根；稻田放鸭、捕捉害虫；以鱼治虫、确保丰收。稻作文化是其文化的主要内容之一，也是当地民族文化的主体。通过稻作文化的代际传承，也将整个社会的历史与文化记忆融入其中，包括其家庭观念、宗教信仰、风俗习惯等，地方历史与社会价值观念都以集体历史记忆的方式被铭记，社会认同和文化自觉由此产生。全州县的农耕文化不仅包含了以稻作生产为主体的农业生产方式和相关的耕作文化，更重要的是传统的稻作文化也借此获得了特殊的情感升华，蕴涵了特殊的生命意义，并融入地方社会文化的各个方面。

全州禾花鱼挑担木桶（闫晓琼　摄）

全州禾花鱼捕捞工具拦鱼笼
（闫晓琼　摄）

　　据全州县农业农村发展"十三五"规划终期评估，全州县农业经济发展取得突破性进展，为全州县农耕文化赋予新的含义，为农耕文化的传承提供了新的模式。

一、发展目标完成的情况为迈上新的征程奠定了坚实基础

1. 种植业。2016—2019 年全州县粮食种植面积年均稳定在 108 万亩左右，粮食总产量 40 万吨左右，完成"十三五"规划的 90%；全县水果种植总面积从 38.5 万亩，增加到了 45.34 万亩，水果总产量从 27.35 万吨，增加到了 61.72 万吨，完成"十三五"规划的 100%；经济作物种植总面积从 39.8 万亩，增加到了 49.6 万亩，蔬菜播种面积从 33.5 万亩，增加到了 42.4 万亩，产量从 39.8 万吨，增加到了 78.46 万吨，完成"十三五"规划的 100%。

2. 养殖业。2016—2019 年全州县生猪出栏累计 296.08 万头，年均增长 1.5%；家禽出笼 3413.07 万羽，年均增长 6.8%；肉牛出栏 12.73 万头，年均增长 1.3%；肉羊出栏 7.29 万只，年均增长 4.7%；水产品总产量 21318 吨，年平均增长 4.4%，完成"十三五"规划的 90%。

全州生姜种植基地（蒋经运　提供）

全州东山猪养殖基地（邓琳 摄）　　　全州文桥鸭稻田养殖基地（唐维 摄）

二、发展任务进展成效给新征程指出新方向

1. 粮食生产。全州县素有"桂北粮仓"之称，是国家"七五"首批商品粮基地建设县，"八五"巩固完善商品粮基地县，"九五"广西区粮食自给工程县，2003年、2005年、2006年、2009年、2012年分别获全国粮食生产先进县；2012年获全区粮食生产先进县；是每年全国产粮大县。近几年来，全州县结合本地实际，主要示范推广水稻集中育秧34万亩；75%农田推行机插秧和抛秧技术；45%农田推行水气平衡栽培技术和"三控"技术；70%农田实现稻草还田；85%农田实现重大病虫绿色防控等关键技术；示范推广"稻－稻－灯－鱼""稻－灯－鱼（鸭等）－油菜""稻－灯－蛙－鳅""稻－鱼－螺""稻－稻－灯－鱼－油菜""超级稻＋再生稻＋灯＋鱼＋油菜"等多种绿色高产高效模式45万亩。积极创建"吨粮万元田"，实施稻田耕作制度改革，取得了显著的成效。

2. 水果生产。全州是全国柑橘生产基地县，桂林市水果生产大县之一，据统计部门数据：2019年底，全县拥有水果种植总面积45.34万亩，水果总产量61.72万吨，其中：柑橘面积33.77万亩，产量49.11万吨；葡萄面积2.36万亩，产量3.28万吨；优质桃、李

全州县"稻-稻-灯-鱼"模式（邓小红　摄）

全州县"超级稻＋再生稻＋灯＋鱼＋油菜"模式（蒋儒文　摄）

面积 2.86 万亩，产量 2.57 万吨；南方优质梨面积 3.82 万亩，产量
4.50 万吨；其他水果面积 2.53 万亩，产量 2.26 万吨。全县以柑橘
为主的水果产业已成为农民当年增收致富和脱贫奔小康的支柱产业。

全州县果园（张秋明　摄）　　　　全州柑橘（蒋经运　提供）

3. 经济作物。全州县传统经济作物主栽品种有全州"三辣"（辣
椒、生姜、大蒜）、香芋、芦笋、淮山、豆角、香西瓜等。2019 年
全县完成经济作物种植总面积 49.6 万亩，蔬菜播种面积 42.4 万亩，
产量 75.81 万吨。其中春夏菜 19.1 万亩，秋冬菜 23.3 万亩。初步形
成了全州"三辣"、香芋、芦笋、淮山、豆角、香西瓜、罗汉果等为
主的经济作物发展格局。

全州安和香芋种植基地（蒋经运　提供）　全州安和香芋收获（蒋经运　提供）

4.生猪生产。全州县作为"广西畜牧业十强县""全国生猪调出大县","十三五"期间连续获得了"全国生猪调出大县奖励""畜禽粪污资源化利用整县推进项目建设""2017年自治区农林优势产业扶持专项资金"等项目。畜牧发展项目资金7000多万元,主要用于发展生猪规模养殖和升级改造。建设规模猪场321家,结合"美丽广西·清洁城乡"活动,以"清洁养殖""生态养殖"为主要抓手,2016—2019年扶持全县46家中小规模猪场进行排污改造,即"清洁养殖"示范场建设,建设内容包括全场的雨污分离,新建沉淀池、厌氧池、氧化塘,购置固液分离机,修建集粪棚等,促进了生猪生产的健康快速发展。

全州县生猪"清洁养殖"示范场之一

5. 草食动物生产。全州县利用天然草山草坡和农作物秸秆大力
发展草食动物,并利用人工输精技术对本地牛进行杂交改良,提
高了肉牛的个体重和日增重,2016—2019 年全县共开展人工授精
4.2 万胎次,产杂交牛 3.5 万头,每头牛增收 0.3 万元,共增收 1.06
亿元。

6. 家禽生产。"十三五"期间,全州县家禽生产主要采取"公
司 + 基地 + 农户"的模式,依托桂柳家禽公司、桂林全州县科源家
禽养殖有限公司、桂林市利源家禽养殖有限责任公司等大型家禽公
司,发展樱桃谷种鸭、参皇鸡和肉鸭养殖,2019 年全县的家禽养殖
出笼数达 1041.61 万羽,家禽生产实现质的飞跃。

全州文桥鸭养殖示范基地(唐维 摄)

全州稻渔综合种养示范区（蒋儒文　摄）

7. 水产养殖。2019 年中国农产品地理标志全州禾花鱼生产区被认定为中国特色农产品优势区。主要推广稻田综合种养技术和禾花鱼生态养殖技术，稻田养鱼面积每年稳定在 30 万亩左右，年产地理标志产品全州禾花鱼 8000 吨。加大培育龙头企业，由龙头企业带动当地稻渔综合种养规范化发展，建成了广西桂林绿淼国家级稻渔综合种养示范区，并在广西桂林绿淼生态农业有限公司建立了广西水产科学研究院示范基地、上海海洋大学水产实验基地、中国科学院桂建芳院士工作站、广西禾花鱼原种保护基地；在广西德沁现代农业发展有限公司建立中国科学院桂建芳院士工作站禾花鲤稻渔养殖德沁公司示范基地、水稻新品种田间比品试验基地、农作物病虫害可持续治理绿色防控示范基地、稻纵卷叶螟赤眼蜂寄生控害蜂种筛选与示范应用基地和就业扶贫车间。

8.大力培育全州禾花鱼加工企业。到 2020 年已有从事禾花鱼
加工的厂家 4 家，年加工系列禾花鱼产品 1000 吨左右，生产的产
品有禾花鱼罐头和鱼干两个系列产品，共有禾花鱼罐头生产线 4 条
和禾花鱼干生产线 4 条，这些企业的建立极大地带动了全县禾花鱼
养殖业和服务等一二三产业的发展。全州县正积极谋划将现有加工
企业整合成一家年加工禾花鱼系列产品 2000 吨以上的龙头企业，
通过龙头企业带动和引领小型规模企业的发展，最终形成一个信息

全州禾花鱼加工产品（部分产品）

化网络化发展的集团企业，为全县稻田养殖禾花鱼产业的发展提供坚强的保障。

　　当前，全州县委、县人民政府正着力将地理标志农产品全州禾花鱼这一传统产业发展为富民优势产业，以"公司＋基地＋农户"运作模式向18个乡镇逐年整乡推进，初步形成"苗种生产—成鱼养殖—产品加工—销售流通"一条龙的稻鱼产业化经营格局，确保稻鱼共生、鱼粮双增，打响"全州禾花鱼"品牌，"山山岭岭稻禾绿，家家户户鱼儿肥"已经是全州的真实写照。

广西禾花忆农业科技有限公司禾花鱼产品加工厂（蒋经运　提供）

第二章

全州禾花鱼生物学特性、品质特征、地理分布与营养价值

第一节　全州禾花鱼生物学特性

全州禾花鱼又名乌肚拐，是全州民间长期选育繁殖获得的一个鲤鱼品种。全州禾花鱼是全州县著名特产，驰名国外誉载中原。禾花鱼广义上是指水田插秧后投放鱼苗，待禾花开放时以禾花为食，稻穗蜡黄断水时收捕的一种鲤鱼；狭义上是指正宗的"宫廷贡品"禾花鱼，此鱼全身为紫色（乌褐），有的腹部呈透明状可见内脏，以稻田禾花为食，当地叫它为"乌鲤禾花鱼"。此鱼源于湘江，现分布桂林市各地，但产量及品质仍以全州为最佳。本书讲的全州禾花鱼是指后者。

主要生物学特性：全州禾花鱼喜温暖，性情温和，不易跳串逃逸，易捕捞；体较短、腹大、头较小，外形看似椭圆形、粗壮；全身乌褐色（略带紫色），背部青黑色，色彩亮丽；全身细叶鳞，腹部皮薄，表面呈肉红色，有的半透明隐约可见内脏；食性杂生长快，繁殖力和抗病力强。适合生存温度为 0—35℃，最宜生长温度为 22—30℃，适宜在微碱性的水域中生长繁殖，水温在 18℃以上就能产卵孵化培育苗种。

全州禾花鱼鱼种外观特征

全州禾花鱼成鱼外观特征

全州禾花鱼是一种广温性鱼类，适合在酸性或中性的水域中生长繁殖，属底层鱼类。对环境的适应能力强，具有较强的耐寒，耐酸碱和耐缺氧能力。能在恶劣的环境条件下生长、繁殖。在江河、湖泊、水库、池塘、稻田中都能生长繁殖，特别喜欢在水草丛中及底泥松软的地方栖息。在 0.7 毫克 / 升容氧水体中也能生存。在稻田中能忍耐极端最高温度为 40.4℃，忍耐最低温度为 −6.6℃，耐浅水。

全州禾花鱼属杂食性鱼类，食性广。幼鱼以浮游动物，底栖小型脊椎动物等为食，成鱼主食底栖动物，也摄食部分水生植物的茎、叶、种子，水稻开花季节，以掉落在田间水面上的禾花为食。人工养殖的禾花鱼喜食商品饲料，如糠、麸、饼、粕类等。

全州禾花鱼外观（蒋经运　提供）

水稻扬花情形

稻田中生活的禾花鱼摄食禾花情形

　　全州禾花鱼在生殖季节，其雌性个体大，腹部大而柔软，泄殖孔较大而突出。雄性在同一批鱼中个体明显较小，腹部狭小而略硬，泄殖孔较小而略向内凹。生殖季节期间，其雌性个体胸鳍没有或很少有追星；腹部膨大柔软，泄殖孔红润而外凸。雄性个体胸、腹鳍和鳃盖上有追星；腹部较狭，成熟时轻压有精液流出；泄殖孔不红润而略向内凹。禾花鱼卵为黏性卵，在繁殖季节，禾花鱼会在水草丛中交配产卵，产出的卵黏附在水草上。在微流水且水温在18℃以上时，一般4—5天鱼苗陆续出膜，累计孵化积温约120℃—130℃。

全州禾花鱼亲鱼外观特征　　　　　全州禾花鱼雌、雄成熟个体解剖性腺情形

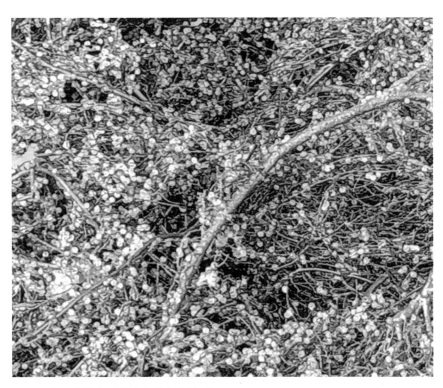

全州禾花鱼受精卵附着在水草上的情形

第二节　全州禾花鱼品质特征

　　全州禾花鱼形体短粗、腹大、头较小、外形近似椭圆形；全身乌褐色（略带紫色），背部和体侧鳞金黄，色彩亮丽；全身细叶鳞，腹部皮薄，表面呈肉红色，有的半透明隐约可见内脏。属鲤科广温性鱼类，具有较强的耐寒、耐酸碱和耐缺氧能力。该鱼喜温暖、性温和、活动能力弱、易捕捞。在江河、湖泊、水库、池塘、稻田中生长繁殖，特别喜欢在水草丛中及底泥松软的地方栖息，耐浅水，食性杂，水温8℃以上开始大量摄食，18℃时开始产卵繁殖。在稻田中1龄鱼可达0.2—0.3千克，为全州县稻田主养鱼类。

全州禾花鱼外观特征

　　全州禾花鱼最大的食用特点是肉质异常细嫩清甜，骨软无腥味，蛋白质含量高，特别是在稻田禾花抽穗扬花期间吃了禾花掉落在水中的花粉、花瓣后更加肥美，鱼肉在此时也最为鲜嫩可口。

　　坊间流传全州禾花鱼有"鳜鱼之鲜嫩，却避其华贵；举草鱼之价廉，却避其草腥；呈鲫鱼之小巧，却避其多刺；比江、河鲤鱼更富营养，却避其鳞粗刺多"的说法。

第三节　全州禾花鱼地理分布

　　全州禾花鱼的分布地域范围包括全州镇、龙水镇、凤凰镇、才湾镇、绍水镇、咸水镇、蕉江瑶族乡、安和镇、大西江镇、永岁镇、黄沙河镇、庙头镇、文桥镇、白宝乡、东山瑶族乡、石塘镇、两河镇、枧塘镇等18个乡镇。全州县位于广西东北部，地处北纬25°29′36″—26°23′36″，东经110°37′45″—111°29′48″，界于越城岭与都庞岭两大山脉之间。境内东西最宽距离85.77公里，南北最长距离99.23公里，拥有土地总面积4021.19平方公里。东北部依次与湖南省的道县、双牌、永州、东安、新宁五个县（市）交界，南部、东南部与兴安县、灌阳县接壤，西部与资源县毗邻，海拔200—2123.4米。拥有总水田面积54.92万亩，年生产禾花鱼稻田总面积（早、中、晚三糙）达45万亩。年生产禾花鱼总量达0.8万吨。据2021年全州县水产技术推广站统计，全州县18个乡镇稻田养殖禾花鱼情况详见表1，各乡镇禾花鱼养殖情况详见表2—表19。

表1 全州县18个乡镇稻田养殖禾花鱼情况统计

序号	乡镇名称	稻田总面积（亩）	养鱼稻田面积（亩）	从事稻田养鱼村委数量（个）
1	全州镇	24412	16336	14
2	龙水镇	53172	27749	17
3	凤凰镇	44506	23325	20
4	才湾镇	48513	22233	16
5	绍水镇	41845	16043	17
6	咸水镇	32300	18108	12
7	蕉江瑶族乡	5875	4750	8
8	安和镇	26921	15388	14
9	大西江镇	25569.45	12990	15
10	永岁镇	26888	16558	17
11	黄沙河镇	14320	9736	10
12	庙头镇	20799	14631	12
13	文桥镇	48699	23849	17
14	白宝乡	10695	6833	9
15	东山瑶族乡	23022	8807	16
16	石塘镇	43300	24710	31
17	两河镇	21712.28	17239	16
18	枧塘镇	18878.06	17239	12
合计		531426.79	296524	273

表2　全州镇稻田养殖禾花鱼情况统计

序号	村名称	稻田总面积（亩）	养鱼稻田面积（亩）	总农户数量（户）	从事稻田养鱼的农户数量
1	七一	1627	975	568	342
2	绕山	2226	1558	927	648
3	水南	838	670	400	326
4	集才	803	561	484	338
5	邓家埠	2076	1348	785	476
6	龙岩	3160	2050	1139	706
7	大贵	3140	2355	1103	838
8	大新	2958	1833	1055	654
9	柘桥	1116	705	861	523
10	竹溪田	1393	975	413	309
11	福坪	374	253	193	126
12	青龙	1857	1205	649	402
13	田伟	2821	1836	745	484
14	北门	23	12	17	7
合计	14 个	24412	16336	9339	6179

龙水镇禾花鱼养殖示范基地

表3 龙水镇稻田养殖禾花鱼情况统计

序号	村名称	稻田总面积（亩）	养鱼稻田面积（亩）	总农户数量（户）	从事稻田养鱼的农户数量
1	龙水	2952	2100	840	516
2	金田	2800	1560	400	220
3	山陂	4390	2566	522	316
4	亭子江	5600	3100	1173	476
5	百福	4050	2000	927	450
6	同安	3100	1620	410	220
7	桥渡	3900	2450	1050	370
8	安陂	1870	1200	412	340

续表

序号	村名称	稻田总面积（亩）	养鱼稻田面积（亩）	总农户数量（户）	从事稻田养鱼的农户数量
9	朝阳	2050	240	450	100
10	大联	2214	980	667	200
11	大仙	590	320	190	60
12	芳杰	150	53	309	61
13	光田	3100	1460	400	100
14	全福	156	25	90	15
15	全佳	1970	1000	895	600
16	坦口	5160	1375	1006	190
17	塘前	3650	3400	1260	840
18	辛田	2470	900	231	50
19	长井	3000	1400	850	267
合计	19个	53172	27749	12082	5391

表4 凤凰镇稻田养殖禾花鱼情况统计

序号	村委名称	稻田总面积（亩）	养鱼稻田面积（亩）	总农户数量（户）	从事稻田养鱼的农户数量
1	和平	2785	1559	1033	309
2	七里	3079	1840	1127	371
3	湾里	1370	616	728	254
4	畔毗	1505	1023	733	212

续表

序号	村委名称	稻田总面积（亩）	养鱼稻田面积（亩）	总农户数量（户）	从事稻田养鱼的农户数量
5	水西	3286	2000	921	285
6	望高	3275	2161	1007	221
7	大毕头	2642	475	709	152
8	大坪	3145	1729	945	340
9	新民	2407	1057	838	125
10	石沙	1855	653	513	117
11	塘底	1370	620	286	101
12	三塘	2243	1368	689	254
13	三里	2552	1527	659	144
14	棕树	2094	1486	735	243
15	麻市	2564	1098	822	213
16	山头	2362	472	716	200
17	翠东	1436	815	418	129
18	翠英	1079	665	445	137
19	立岗	1338	775	421	168
20	翠西	2119	1386	893	312
合计	20 个	44506	23325	14638	4287

才湾镇稻渔综合种养示范基地

表5 才湾镇稻田养殖禾花鱼情况统计

序号	村名称	稻田总面积（亩）	养鱼稻田面积（亩）	总农户数量（户）	从事稻田养鱼的农户数量
1	才湾	3184.310	1150	1084	410
2	邓吉	3878.170	1465	1113	486
3	南一	3059.090	1221	1081	362
4	金堂	1793.140	873	703	210
5	小塘	1590.920	754	653	205
6	田心	5815.110	2250	1517	597
7	岩泉	5295.060	2957	1399	858
8	秦家塘	2570.530	691	616	183

续表

序号	村名称	稻田总面积 （亩）	养鱼稻田面积（亩）	总农户数量（户）	从事稻田养鱼的农户数量
9	七星	2810.910	2113	791	582
10	紫岭	4300.320	2135	1120	609
11	五福	1589.320	596	446	187
12	新村	1517.090	740	422	203
13	白石	4994.580	2102	1405	683
14	永佳洞	1816.740	1010	494	343
15	南洞	792.040	345	242	128
16	驿马	3505.700	1831	787	487
合计	16 个	48513	22233	13873	6533

表 6　绍水镇稻田养殖禾花鱼情况统计

序号	村名称	稻田总面积 （亩）	养鱼稻田面积（亩）	总农户数量（户）	从事稻田养鱼的农户数量
1	绍兰	3195	1080	837	49
2	霖源	2921	1165	893	60
3	秀石	1419	890	386	37
4	高田	4347	1383	1372	56
5	下柳	1678	720	672	43
6	塘口	4487	1421	1300	56
7	福必	2955	1220	824	56

续表

序号	村名称	稻田总面积（亩）	养鱼稻田面积（亩）	总农户数量（户）	从事稻田养鱼的农户数量
8	桐油	1494	985	488	45
9	大惠	1275	892	322	37
10	妙山	426	336	137	23
11	沿河	3023	1025	1018	62
12	洛口	2179	825	677	49
13	柳甲	3829	932	882	45
14	松川	3655	1237	1099	61
15	三友	3808	1156	971	47
16	大渭洞	657	489	210	45
17	二美	497	287	196	36
合计	17 个	41845	16043	12284	807

表7　咸水镇稻田养殖禾花鱼情况统计

序号	村名称	稻田总面积（亩）	养鱼稻田面积（亩）	总农户数量（户）	从事稻田养鱼的农户数量
1	黄沙	2676	1524	813	336
2	车田	2569	1493	761	314
3	白竹	2431	1382	646	267
4	铁元	2493	1402	810	281
5	南宅	2658	1519	852	327

续表

序号	村名称	稻田总面积（亩）	养鱼稻田面积（亩）	总农户数量（户）	从事稻田养鱼的农户数量
6	蕉川	2412	1336	709	289
7	洛江	2671	1447	765	309
8	古留	2534	1521	793	334
9	龙田	2982	1610	868	412
10	鲁塘	3225	1763	1032	468
11	人和	2867	1527	719	341
12	西岭	2782	1584	773	372
合计	12 个	32300	18108	9541	4050

表 8　蕉江瑶族乡稻田养殖禾花鱼情况统计

序号	村名称	稻田总面积（亩）	养鱼稻田面积（亩）	总农户数量（户）	从事稻田养鱼的农户数量
1	太白地	620	400	506	206
2	万板桥	1100	800	528	382
3	界顶	876	650	653	312
4	大拱桥	820	700	591	296
5	蕉江	780	680	579	358
6	吐紫塘	386	320	492	169
7	绕湾	613	550	408	257
8	大源	680	650	438	284
合计	8 个	5875	4750	4195	2264

表9 安和镇稻田养殖禾花鱼情况统计

序号	村委名称	稻田总面积（亩）	养鱼稻田面积（亩）	总农户数量（户）	从事稻田养鱼的农户数量
1	安和	2865	1719	1128	561
2	文塘	2767	1511	1087	449
3	江明	1642	985	756	507
4	聚贤	1561	936	657	358
5	大塘	1843	1106	782	396
6	平岗	1675	1003	621	271
7	水架	1257	756	517	223
8	广圹	1781	1068	786	376
9	四所	1696	1017	724	316
10	太平	1429	856	549	207
11	六合	1895	737	732	241
12	白岩	1679	1007	739	423
13	青龙山	2934	1561	1178	518
14	大广塘	1897	1126	866	583
合计	14 个	26921	15388	11122	5439

表10 大西江镇稻田养殖禾花鱼情况统计

序号	村委名称	稻田总面积（亩）	养鱼稻田面积（亩）	总农户数量（户）	从事稻田养鱼的农户数量
1	炎井	1058.01	510	333	160
2	五星	1067.66	520	429	215
3	月塘	1812.66	910	544	280

续表

序号	村委名称	稻田总面积（亩）	养鱼稻田面积（亩）	总农户数量（户）	从事稻田养鱼的农户数量
4	锦塘	2198.43	1200	752	400
5	香花	1238.07	620	411	210
6	满稼	2097.3	1100	766	390
7	东江	1323.52	700	541	280
8	西美	1579.78	800	502	256
9	大西江	1638.67	800	618	300
10	峡口	1022.64	500	534	270
11	良田	2048.86	1100	763	340
12	文家村	2596.06	1300	841	425
13	沙子坪	3057.77	1500	820	420
14	鲁屏	1808.26	900	862	430
15	广福	1021.8	530	411	200
合计	15 个	25569.45	12990	9127	4576

表 11　永岁镇稻田养殖禾花鱼情况统计

序号	村委名称	稻田总面积（亩）	养鱼稻田面积（亩）	总农户数量（户）	从事稻田养鱼的农户数量
1	滕家湾	2161	1106	755	386
2	沙子湾	1505	936	682	424
3	永岁	2306	1287	913	510
4	湘山	2043	1132	681	377
5	梅潭	1501	894	636	379

续表

序号	村委名称	稻田总面积（亩）	养鱼稻田面积（亩）	总农户数量（户）	从事稻田养鱼的农户数量
6	石岗	1030	625	378	229
7	双桥	2425	1575	963	625
8	慕霞	2050	1474	908	653
9	大岗	1725	1139	702	463
10	港底	1133	724	410	262
11	大源屋	2323	1368	730	431
12	乐家湾	1456	913	476	298
13	鲁塘底	1342	896	365	243
14	绕龙水	1043	708	409	277
15	长春塘	1437	965	537	360
16	南阳	881	577	308	201
17	左江	527	239	272	98
合计	17 个	26888	16558	10125	6216

表 12　黄沙河镇稻田养殖禾花鱼情况统计

序号	村名称	稻田总面积（亩）	养鱼稻田面积（亩）	总农户数量（户）	从事稻田养鱼的农户数量
1	新铺里	1580	1263	1030	586
2	黄岗	1620	869	950	273
3	竹下	1745	975	870	395
4	大路低	1560	1053	920	483
5	竹塘	1370	1130	780	475
6	石城	1765	1160	1166	358

续表

序号	村名称	稻田总面积（亩）	养鱼稻田面积（亩）	总农户数量（户）	从事稻田养鱼的农户数量
7	麻川	1490	980	928	295
8	居委	1480	1090	649	342
9	秀峰	950	670	455	289
10	右江	760	546	380	263
合计	10 个	14320	9736	8128	3759

表 13 庙头镇稻田养殖禾花鱼情况统计

序号	村名称	稻田总面积（亩）	养鱼稻田面积（亩）	总农户数量（户）	从事稻田养鱼的农户数量
1	居委	862	626	465	298
2	湾山	1886	1296	881	552
3	石洞	2134	1157	923	602
4	李家	2255	1287	1054	722
5	深福	1658	1112	722	411
6	建新	1746	1283	1071	855
7	白果	1531	1319	858	583
8	兆村	1811	1308	981	521
9	黄土井	1612	1388	1081	667
10	仁街	1523	1213	920	569
11	宜湘河	1526	1266	1087	520
12	歌陂	1955	1376	1027	664
合计	12 个	20799	14631	11070	6964

表14　文桥镇稻田养殖禾花鱼情况统计

序号	村名称	稻田总面积（亩）	养鱼稻田面积（亩）	总农户数量（户）	从事稻田养鱼的农户数量
1	文桥	3087	1633	1256	656
2	新塘	3141	1778	1332	712
3	定美	2865	1277	1073	557
4	百仁	2607	1021	983	498
5	紫岗	2390	1145	1017	532
6	栗水	3276	1556	1386	685
7	仁溪	2152	983	852	479
8	白毛	2046	1018	963	464
9	圳头	2674	1379	1036	523
10	洋田	2566	1204	1013	531
11	长坪	2449	1141	1028	475
12	杨福	2673	1338	1164	553
13	邓家	2443	1240	962	482
14	千六	3328	1652	1479	741
15	锦福	2837	1375	1116	528
16	江头	2632	1283	1004	509
17	易福	2844	1474	1089	537
18	蛟潭	2689	1352	993	446
合计	18个	48699	23849	19746	9908

表15　白宝乡稻田养殖禾花鱼情况统计

序号	村名称	稻田总面积（亩）	养鱼稻田面积（亩）	总农户数量（户）	从事稻田养鱼的农户数量
1	白宝	1855	1600	736	520
2	梅莲	1700	250	910	210
3	桐福	800	750	332	307
4	茅兰	730	730	430	320
5	霞头	1140	820	530	360
6	文甲庄	1450	764	795	253
7	磨头	970	610	801	503
8	水晶坪	1100	642	576	310
9	北山	950	667	797	430
合计	9个	10695	6833	5377	3213

表16　东山瑶族乡稻田养殖禾花鱼情况统计

序号	村名称	稻田总面积（亩）	养鱼稻田面积（亩）	总农户数量（户）	从事稻田养鱼的农户数量
1	清水	1650	513	264	153
2	三江	1432	436	138	125
3	竹坞	1380	618	286	264
4	上塘	2356	1086	524	436
5	黄腊洞	1863	781	268	234
6	白岭	1862	689	368	324
7	六字界	1739	653	291	273
8	黄龙	1546	632	327	296
9	白竹	1364	658	268	251

续表

序号	村名称	稻田总面积（亩）	养鱼稻田面积（亩）	总农户数量（户）	从事稻田养鱼的农户数量
10	雷公岩	1753	536	358	328
11	大坪	853	342	108	83
12	锦荣	1236	513	261	215
13	古木	753	315	103	83
14	小禾坪	1368	428	123	92
15	石枧坪	629	169	112	102
16	斜水	1238	438	218	200
合计	16个	23292	8807	4017	3459

表17 石塘镇稻田养殖禾花鱼情况统计

序号	村委名称	稻田总面积（亩）	养鱼稻田面积（亩）	总农户数量（户）	从事稻田养鱼的农户数量
1	乐中	1400	920	1405	125
2	铁炉	1500	820	578	92
3	广竹	1560	800	701	90
4	乐南	1350	790	694	95
5	料塘	1353	760	598	86
6	扒子岭	1566	890	1067	102
7	川溪	1410	880	1024	96
8	下乐	958	580	510	70
9	茅坪	1020	610	544	68
10	仁金	1356	760	641	86
11	兴坪	1426	830	634	92

续表

序号	村委名称	稻田总面积（亩）	养鱼稻田面积（亩）	总农户数量（户）	从事稻田养鱼的农户数量
12	青山	1315	820	555	90
13	寿福	1516	870	748	93
14	塘背	1129	760	731	88
15	贤宅	823	530	363	60
16	青田	1863	1300	1222	146
17	儒辉	2463	1800	1326	220
18	蒋家岭	880	470	492	58
19	朝南	1650	1300	983	150
20	贤山	1110	700	529	80
21	马安岭	1120	560	587	70
22	水澄	1420	700	672	82
23	枫木	1210	560	443	67
24	东板田	1360	500	228	59
25	双坪	1360	800	363	90
26	白露	1260	600	179	70
27	祥大	1410	800	931	93
28	白竹田	1360	600	602	70
29	沙田	1432	800	876	96
30	沛田	1219	700	791	86
31	西头	1426	400	434	56
32	居委	1075	500	466	60
合计	32 个	43300	24710	21917	2886

表18　两河镇稻田养殖禾花鱼情况统计

序号	村委名称	稻田总面积（亩）	养鱼稻田面积（亩）	总农户数量（户）	从事稻田养鱼的农户数量
1	两河	2289.53	1945	1092	982
2	上宅	1233.33	924	583	468
3	新富	1546.05	1391	822	731
4	下刘	1232.18	862	673	503
5	上刘	1116.35	837	669	635
6	白水	719.61	539	377	306
7	鲁水	1693.84	1523	850	812
8	黄泥冲	521.47	312	358	286
9	百板洞	1575.22	1102	731	634
10	厚桂	1857.21	1485	692	653
11	大田	1354.99	947	450	407
12	田乾	756.02	453	395	315
13	美田	1645.25	1316	698	672
14	桂家	976.36	781	648	612
15	五桂岭	1021.75	867	536	493
16	源东	2173.12	1955	847	826
合计	16 个	21712.28	17239	10421	9335

表 19 枧塘镇稻田养殖禾花鱼情况统计

序号	村委名称	稻田总面积（亩）	养鱼稻田面积（亩）	总农户数量（户）	从事稻田养鱼的农户数量
1	安德	2005.97	1869	886	797
2	芳塘	2330.16	2194	1132	1018
3	土桥	1455.64	1319	719	647
4	珠塘	1697.78	1561	789	710
5	枧头	1068.27	932	410	369
6	高峰	1156.54	1020	452	406
7	江东	1360.89	1224	656	590
8	昌郑	1027.06	891	558	502
9	棠荫	2464.24	2328	795	715
10	塘福	1467.65	1331	562	505
11	金屏	1367.91	1231	593	533
12	金山	1475.95	1339	673	605
合计	12 个	18878.06	17239	8225	7397

第四节　全州禾花鱼的营养价值

　　据日本学者铃木平光所著的图书《鱼的神奇药效》（中国农业出版社 2003 年出版）中记载，早在 1989 年，伦敦动物园附属研究机构的纳菲德比较医学研究所的麦克·克罗夫特等人发表了"日本儿童比欧美国家的孩子智商指数高，和日本人爱吃鱼这一饮食习惯有密切关系"的论点。此后，关于鱼贝类中的脂肪，即鱼油中含量丰富的 DHA（二十二碳六烯酸），作为与人类大脑功能有密切关系的物质，受到全世界的瞩目。后来，很多研究人员报道了 DHA 是大脑发育不可缺少的物质，并报告了证实其提高大脑机能作用的各种数据，DHA 作为"能使人脑变聪明的物质"，得到了人们的普遍认可。

　　在《鱼的神奇药效》书中还记载有"流行病调查所显示的吃鱼与老年性痴呆的关系"，书中说到食用 DHA 含量丰富的鱼，可以在一定程度上预防老年性痴呆病的发生，这在调查膳食生活与疾病关系的数据中已经得到证实。日本预防癌症研究所专家平山雄，经过 17 年时间，对大约 27 万人就吃鱼与各种疾病发病率之间的关系进行了调查。其结果表明，每天吃鱼的人比不吃鱼的人不易患老年性痴呆，而且两者发病率的差别随着年龄增长也愈发增大。

　　从互联网上可查到，国内外许多研究表明，食用鱼的好处很多，其中报道比较多的有这八大方面：一是可以促进发育。饮食中富含 Omega-3 脂肪酸，对孕妇特别重要，能促进胎儿脑神经发育。研究发现，每周吃 3—4 份海味食物（约 340 克），能显著改善出生后婴儿的智力、语言表达和运动能力。二是可以延长生命。鱼肉有助于人长寿，鱼肉中含有一种物质能使我们的死亡率降低 27%。三是可以预防哮喘。童年多吃鱼能有效地预防哮喘。一项对 7210 名儿童的研究表明，在 6—12 个月内开始吃鱼的儿童，到了 4 岁时，其发生哮喘的风险可以降低 36%，研究者推测，这可能与多吃鱼有助于抗炎有关。四是可以保护皮肤。鱼的油脂对皮肤很好，能调节油脂分泌，有助保湿。此外，研究显示，多吃鱼肉能保护皮肤免受紫外线的伤害，有利于保护肌肤胶原蛋白，从而防止皮肤松弛、起皱、下垂。五是可以保护视力。中心性视网膜退化是老年人常见的视力下降原因。在法国进行的大规模研究发现，富含 Omega-3 脂肪酸的鱼类能够减少因衰老引起的眼睛黄斑变性的风险。六是可以降低心脏病风险。心脏病仍然是美国成人死亡的主要原因。然而，哈佛公共卫生学院通过观察发现，每周食用一到两次鱼摄入约 2 克 Omega-3 脂肪酸，会使心源性猝死的风险降低 36%，同时可减少 17% 的死亡率。七是可以提高智力。美国《公共科学图书馆－综合》期刊的一项研究指出，在 18—25 岁的一组年轻人中，使用富含 Omega-3 脂肪酸的鱼油作为膳食补充剂，6 个月后，他们的脑力有了稳步提高。研究者认为，Omega-3 脂肪酸能够影响记忆的储存功能。八是可以预防类风湿关节炎。食用鱼肉能帮助我们预防关节炎。

全州禾花鱼作为一种鱼类除了具有以上食用好处外，由于其是在稻田独特的环境里生长的，主要以稻田的禾花、浮游生物以及有机碎屑等为食物，在生长全过程体内蓄积了大量与普通池塘中不一样的微量元素，营养价值独特。全州禾花鱼相比于其他环境中生长的鲤鱼腥味较淡，骨刺较软，含肉较多，肉质细嫩清甜，鲜嫩可口，被全州人称为"鱼中人参"。

全州禾花鱼还蕴含有独特的饮食文化价值。烹食全州禾花鱼，只需把其胆囊取出，不必除去内脏，黄焖、煮汤均可，奇香扑鼻，令人垂涎，食后令人难忘。它还可配上香料煮熟焙干后再用油炸一下，就成了又香、又脆、又甜的饮酒佳品。全州人去除禾花鱼胆囊的方法一直沿用传统的牙签剔除法，在鱼右侧胸鳍基部后的两片鳞片处用牙签刺破一小孔挤压出胆囊并用牙签剔除。把去除胆囊的禾花鱼清洗干净后用铁锅炖食是全州人烹饪禾花鱼的传统食用方法。

宰杀全州禾花鱼时用牙签剔除胆囊
（蒋福祥　摄）

铁锅炖全州禾花鱼

第三章

全州禾花鱼的人文历史

第一节 全州禾花鱼的发展历史

全州县稻田养殖禾花鱼历史悠久，据传始于东汉末年，至今已有 1700 余年，而作为贡品是在南宋初年，至今已有 800 余年。早在三国时期桂东北地区就有了稻田养鱼的记载，到唐末五代利用稻田养鱼比较普遍。

据《全州民国县志》第七篇经济篇中有禾花鲤鱼为全州县特产的文字记载。清代学者蒋琦龄（全州人）曾以诗咏禾花鱼：田家邀客启荆扉，时有村翁扶醉归。秋入清湘饱盐豉，禾花落尽鲤鱼肥。

民国 30 年（1941 年），全州县就有 8439 亩稻田养殖禾花鱼，至 20 世纪 60 年代养殖面积达 25 万亩之多。当时全州县农家普遍放养，全县农村家家熏制禾花腊鱼，用以招待贵宾。"腊鱼好送饭，鼎锅也刮烂"的民谚在全州县家喻户晓，老少皆知。

解放初，全州的农民普遍放养。1954 年夏，农业部、广西省商业厅、桂林专区农林水利局及苏联专家专程到全州进行考察，认为全州稻田养殖禾花鱼宜大力发展。20 世纪 60 年代全州县稻田养鱼面积达 25 万亩。1977 年，全县稻田养鱼面积仅有 1439 亩，跌入历史最低谷。十一届三中全会后，水田承包到户，全州县稻田养殖禾花鱼从过去农民自育自食逐步转向商品化生产，养殖方式也由单一的传统稻田养鱼发展为稻田工程化养鱼、深沟养鱼和垄稻沟鱼。此后，全州县的稻田养鱼重获"生机"，稻田养殖禾花鱼面积逐年增加。但是，进入 20 世纪 90 年代后，由于保留下来的禾花鱼亲本在群众中都是自繁自养留种，近亲繁殖严重，导致该品种优良性状严重退化。为了解决这个问题，当地渔业部门从 1995 年开始启动全州禾花鱼品种提纯复壮研究工作。改革开放以来全州县把发展稻田养殖禾花鱼作为农民增收致富的一个重要项目来抓，收到了很好的效果。

关于全州禾花鱼提纯复壮生产成就：

一是禾花鱼提纯复壮取得成功。禾花鱼提纯复壮工作始于1996年，1998年后加大了禾花鱼提纯复壮工作力度，抽调了一名水产站副站长专门负责，市县两级领导也大力支持该项目；自治区科技厅把该项目列入了科技三项经费预算中，因此禾花鱼提纯复壮工作有了较大突破，直到目前空前大发展。经过近几年的繁殖培育，淘汰不纯及劣质的亲鱼选择纯合优质亲鱼进行精养筛选再选育，目前性状基本达到稳定。实践已证明选育后的禾花鱼生长速度要比选育前快25％以上，成活率也较高。到2002年全州县拥有年产4亿尾禾花鱼苗的生产能力。禾花鱼种销到浙江、四川、贵州、天津及区内各地。当时的广西水产畜牧局已将全州禾花鱼定为良种苗种进行资助。

二是规模进一步扩大。由于禾花鱼提纯复壮的成功和高产技术项目的带动，从1999年禾花鱼稻田养殖面积由6万多亩发展到2000年的20万亩、2001年的30万亩，到2002年全州县稻田养殖禾花鱼达45万亩，产鱼8000吨，占全县水产品总量1.65万吨的48.5％。

据全州县水产技术推广站统计：

2010年全州县利用早中糙稻田养殖禾花鱼23万多亩，总产量达4000多吨。

2012年全州县拥有水田面积54.92万亩，年生产禾花鱼稻田总面积（早、中、晚三糙）达45万亩，年生产禾花鱼总量达0.8万吨。2012年8月，农业部正式批准对"全州禾花鱼"实施农产品地理标志登记保护。

全州禾花鱼农产品地理标志证书

2015 年，全州县利用稻田生态养殖禾花鱼 40 多万亩，并投入百万元建立 347 个养殖示范基地。

2016 年，全州县桥渡村"老农稻禾花鱼养殖专业合作社"养殖禾花鱼示范面积 300 多亩，辐射及带动周边农户、贫困户发展禾花鱼养殖 200 户以上，面积 3000 亩以上，销售额 204 万元。

2017 年稻渔生态种养模式荣获"全国稻渔产业联盟模式创新大赛"金奖。

2018 年桂林绿淼公司示范基地获"国家级稻渔综合种养示范区"。

2019 年全州禾花鱼获广西农业品牌目录区域公用品牌；同年全州获批实施广西特色农产品优势区建设项目。

2020 年全州县因全州禾花鱼被认定为第三批中国特色农产品优势区。

颁发全州禾花鱼绿色食品认证证书

2020 年，全州县有 17 家企业申请稻田养殖全州禾花鱼绿色食品认证，合计面积 12.32 万亩，总产量 7387 吨。

2021 年全州禾花鱼复合系统（广西桂西北山地稻鱼复合系统）被农业农村部认定为第六批中国重要农业文化遗产。

2022 年底止，全州禾花鱼已获得的荣誉主要有：鲜活禾花鱼产品获得"2000 年桂林市名牌产品"；禾花鱼罐头系列产品获得"2004 年桂林国际旅游食品博览会金奖"；禾花鱼罐头系列产品获得"2010 年广西首届名特优农产品展销会销售银奖"；禾花鱼加工技艺获得"2011 年桂林市非物质文化遗产保护项目"；2011 年全州县被评为广西特色水产业先进县；2012 年荣获中国绿色食品上海博览会畅销产品奖；全州禾花鱼获得"2012 年农业部地理标志农产品"。

全州禾花鱼

到 2022 年底，全州县有水稻田 55.4 万亩，稻田养殖禾花鱼面积 45 万亩，产量 0.8 万吨，占全县水产品总量 21258 吨的 37.63%，产值 6 亿元，为全县人均增收 750 元，是全州县农业产业中第二大主导产业。养殖面积占广西稻田养鱼面积的 40%，占全国稻田养鱼面积的 1.43%；产量占广西稻田养鱼产量的 36.36%，全国稻田养鱼产量的 0.62%。在稻田养鱼规模中全国排名第一。全州稻田养殖禾花鱼产业已发展成为全县国民经济中的支柱产业。

柳州市万穗农业开发有限公司全州分公司建设的广西特色农业示范区

第二节　全州禾花鱼的民间传说

传说一：

据老辈口传及陶氏族谱和古墓碑记：宋理宗为太子时，时为太子侍讲的全州人陶崇（后升为宝谟阁大学士），一次省亲时带回禾花鱼干，太子食后赞不绝口，待陶崇说明该鱼为稻田禾花养成的缘由，并说鲜禾花鱼其味更妙后，太子执意要吃鲜禾花鱼，陶大学士只好写信让家人送鱼到京，太子吃后念念难忘。登基后立即要全州知州进贡，满朝文武也争着吃，从此全州禾花鱼就成为贡品，同时推动了县内禾花鱼的养殖。

传说二：

全州的县城还在洮阳（现全州之古洮阳遗址）时，一位清晨早起卖鱼的渔夫一不小心，把一担从江里捕捞的鲤鱼倒进了路边的稻田里，除了捡捞起那些已死和将死的鱼外，那些活跳跳的早就逃散了。稻田是人家的，禾苗正在拔杆孕穗，田里是挖不得水的，怎么

挑禾花鱼种到稻田里放养

把禾花鱼种投放入稻田里

办？这渔夫不死心，经与田主协商，就把进水和出水口用杉树枝拦好，等到稻田挖水时，吃饱了禾花的鲤鱼不但肥得油光水滑，而且吃起来有一种特有禾花香的滋味，聪明的全州人从此开始特意在稻田里放养鲤鱼。

传说三：

清代乾隆年间，乾隆皇帝带着文武百官巡游江南，到了桂林府。府台知道乾隆皇帝好游玩，爱吃喝，便投其所好，派人到处采购山珍海味，请来有名厨师，大摆筵宴，为皇上接风。乾隆平日在京城吃的多是北方口味。这次来南方，觉得酒醇菜美，异常新鲜。席间，他对菜盘里的禾花鱼特别感兴趣，高兴地问左右："这是什么鱼？肥嫩可口，无腥无腻。"府台回答道："这是全州的禾花鱼。""什么叫禾花鱼？"皇帝又问。"禾花鱼就是稻田里长大的鲤鱼，百姓把鲤鱼放在稻田里喂养，当稻子抽穗扬花时，鱼儿特别爱吃飘落在水

稻田里捕捉全州禾花鱼情形

上的禾花，食后长得又肥又嫩，故无腥味。"府台毕恭毕敬地回答。乾隆听后龙颜大悦，说道："禾花鱼肉嫩鲜美，武昌之鱼未能及也。"从此，全州禾花鱼被列为土贡，身价倍增。

传说四：

据全州县志记载：西汉，当时屯兵全州的守将为提高将士体质，增强营养，以旺盛的精力和足够的体力备战，就依托全州水土优势，动员当地百姓在稻田养鱼，获得成功沿袭至今。

柳州市万穗农业开发有限公司全州分公司稻鱼共生生态种养示范基地

第三节　全州禾花鱼社会认知度

全州自古有谚云："禾花鱼下酒，见者不走。"鱼出田时，户户飘香，全州人古有"见者入席，喝酒吃鱼"的习俗。"腊鱼仔送饭，鼎锅刮烂"，"炒鱼肚货，肚皮胀破"，其言实也。

"田家邀客启荆扉，时有村翁扶醉归。秋入清湘饱盐豉，禾花落尽鲤鱼肥。"这是100多年前蒋琦龄留下的诗。他官至清朝顺天府（即今北京市）府尹，想必是回到他的故乡全州（古曾称清湘县）龙水村，写的是亲见亲历。全州禾花鱼是广西桂林全州县的著名特产，也是桂林市十大名牌农产品之一。禾花鱼是一种体色乌褐透亮的鲤鱼品种，即乌鲤，主要在全州县一带稻田中养殖，因采食落水禾花后鱼肉具有禾花香味而得名禾花鱼。

"鱼仔好送饭，鼎锅也刮烂"，这是流传于全州几百年的民谣。所说的"鱼仔"，就是规格小的禾花鱼（150克以下）。当地人每次吃到鲜美的禾花鱼，胃口大开，一碗一碗地把饭送下肚，吃完鼎锅里的饭还不过瘾，要把锅巴刮干净，锅底老化的鼎锅自然受不了。

全州禾花鱼有乌肚鲤、白肚鲤、火烧鲤、黄鲤、青鲤和红鲤等多个品种，尤以乌肚鲤品质为佳。全州禾花鱼个头为两三个手指头大小，性情温和，用手摸光滑细腻，爱吃田中杂草幼芽、稻禾花粉、昆虫幼虫等，肉质细腻，蛋白质含量高。过去，由于生活困难，许多农民将禾花鱼烘干留着自己吃，很少拿到市场上去卖。通过当地党委、政府的积极引导，农民的思想观念逐渐转变，品牌意识也大大增强。目前禾花鱼走俏市场，鲜鱼最低卖到了40元/斤，干鱼卖到了260元/斤。

全州稻田一年养两季禾花鱼，第一季出在六七月，选大一点的鱼上市，小一点的鱼转移到鱼塘"中转"，待晚稻秧苗插好后，再放回稻田；第二季是在收割早稻后不断水，田里留几寸深的水继续饲养小一点的禾花鱼，到晚稻收割时全部收捕。

全州禾花鱼因长期放养在稻田内，食水稻落花而得名。其肉质细腻，骨软无腥味，味道鲜美，蛋白质含量高，黄焖、清煮、油煎、清蒸都好吃，尤以瓦罐煨煮其味最佳。汤开鱼熟，满屋飘香。用鲜活禾花鱼烘制成禾花干鱼仔，是全州人传统保留它的办法。因鲜鱼从稻田中挖出后不管放在什么地方饲养，两个月后，禾花的真味异香便随之消失，但制成腊鱼干后异香如故。全州人称禾花鱼干为腊鱼仔，其成品金黄油亮，闻香生津，久食不腻。

民间对禾花鱼的吃法广为流传。因为禾花鱼靠吃禾花长大而显得季节性特别强，所以这种鱼的吃法也很讲究，常见的有鲜吃和干吃两种。顾名思义，鲜吃就是从田里捕捉回来直接煮着吃，佐料多

民间烘烤全州禾花鱼情形

半是故乡特有的白辣椒或者青椒和米酒醋，加汤煮成，特色是口味鲜美。干吃的做法较复杂，最基本的工序有：剖肚（清除内脏）——盐腌（8小时以上）——油煎（分猪油煎和茶油煎两种风味）——烘烤（分炭火烤和柴火烤）——贮藏（放在装生石灰的坛子里防霉）。在上述几道工序中，最讲究的是"油煎"这个环节，不让小鱼身首分家才算上等手工。

　　黄焖禾花鱼是桂林全州县颇有名气的传统菜肴，而水煮禾花鱼肉质细嫩，味甘鲜美，更是全州县寻常百姓家中待客之招牌菜。

　　全州人吃禾花鱼，以鲜活为主，腊鱼为次，没有吃鱼生的习惯。鲜鱼吃法非常简单，就是水煮禾花鱼，许多全州人对此偏爱：挖出禾花鱼的胆，将禾花鱼入锅煮熟即可。所用配料主要有紫苏、姜、全州青椒。青椒可使鱼味、鱼汤更加鲜辣可口。全州龙水人选用这种吃法时，夹了一条鱼后，一定要配一勺汤，这样才能使鱼味最佳。全州人吃禾花鱼，是可以不吐鱼骨的，一来是因为禾花鱼骨软，二来是因为禾花鱼个儿小，一两口就可以把一条鱼滑进肚里。特别是将禾花鱼油炸时，鱼骨脆得可以当肉吃，既补钙又果腹，要是吐骨那就真浪费了。

黄焖全州禾花鱼

水煮全州禾花鱼

　　此外，在全州吃禾花鱼，都会听到这一句"吃禾花鱼就要吃鱼白的"。全州人挑选禾花鱼要选择颜色泛乌的禾花鱼仔，也就是人们常说的"乌肚拐"。因为"乌肚拐"多是雄鱼，内有成熟的两片"精白"，故而人们称之为"鱼白"。当煮熟食之，口感细腻而又营养丰富。所以全州人吃禾花鱼的独特之处就是：一不刮鳞，二不剖腹取其内脏，这就是与其他地方吃鱼有所不同的烹饪方法。

　　全州禾花鱼的社会认知度得益于各种媒体的广泛宣传报道。特别是近三年来，在中央电视台新闻频道、科教频道、农业频道，人民网、南国早报、新华社、广西电视台等电视台、报纸、互联网媒体上多次宣传了全州禾花鱼产业发展情况，大大提升了全州禾花鱼的知名度，其中比较有影响力的宣传报道有：

　　一是 2020 年 6 月 24 日，央视财经频道播出《广西全州：鱼苗游进稻田，稻鱼共生助力脱贫攻坚》，介绍全州禾花鱼稻田种养模式及效益。

稻鱼共生助力脱贫攻坚央视报道

二是 2020 年 9 月 17 日，"大碧头杯"第四届全国农民体育健身大赛暨 2020 年广西庆祝中国农民丰收节在广西桂林市全州县举办，现场举办了稻渔丰收活动，捉鱼大赛，全州禾花鱼产品品尝和展销活动，极大地提高了全州禾花鱼品牌的影响力。同时，在 2020 年第七届中国（广州）国际渔业博览会（简称"广州渔博会"）上也宣传推广了全州禾花鱼品牌及产品，在《中国水产》《今日头条》上刊登图文宣传报道。

三是 2021 年 9 月 27 日，桂林市全州县东山瑶族乡建乡七十周年，桂林摄影公众号刊登图文《瑶乡飞出幸福歌》推销禾花鱼产品；9 月 27 日桂视网和 9 月 30 日的中华产品网上都刊登了《禾花鱼丰收，发展稻鱼产业》，大力宣传全州禾花鱼。

四是 2022 年 2 月 6 日，中央电视台 10 套科教频道《探索·发现》栏目、《家乡至味 2022（20）》播出《全州十大碗》节目，其中第十碗大菜就是全州禾花鱼，寓意年年有余、团团圆圆、十全十美；

2020 年全州县庆祝中国农民丰收节稻田抓鱼比赛

同年8月26日，中央电视台13套新闻频道《新闻直播间》播出介绍全州禾花鱼稻渔共生双丰收内容；9月9日，中央电视台13套新闻频道《新闻直播间》播出介绍全州禾花鱼稻渔综合种养助农增收的内容。

在以上的宣传报道中，属2021年6月24日的央视报道最为详尽。该报道说道："眼下正是广西全州县近40万亩早稻抽穗扬花的时期，近日，全州县政府陆续将500万尾乌鲤禾花鱼的鱼苗免费发放给全县的贫困户、困难群众以及一些种养合作社进行养殖，实现一亩稻田，两份收入。"

"6月20日开始，广西全州县政府陆续将500万尾乌鲤禾花鱼的鱼苗发放给全县8个贫困村的贫困户、困难群众以及一些种养合作社进行养殖。据估算，这500万尾鱼苗可供当地3.5万亩稻田进行养殖。才湾镇大堂屋村的村民蒋灵芝当天就领取到了两大袋将近1000尾的鱼苗，她家里的5亩水稻现在也刚刚抽穗扬花，正是投放禾花鱼鱼苗的好时机。"

第四节　全州禾花鱼发展潜力和市场需求

一、优越的自然与人文条件和独特的地理位置为全州禾花鱼产业的高质量发展提供资源保证

一是水利资源丰富：全州县江河水库星罗棋布，流径 6 公里以上的河流有 123 条，中小型水库 69 座，有效库容 1.78 亿立方米，有力地保障了全县水田的排灌，近几年来的农田水利工程建设，让全州县所有连片的稻田实现了全天候保水供水，为"田中有水，水中有鱼"奠定了基础。二是交通便利：该县距桂林市有一级公路 120 公里，湘桂铁路在全州境内长达 88 公里，设有 12 个火车站；2013 年 12 月 28 日全州南站开始运营，从此全州县有动车直通北京、上海、广州、南宁、昆明等 13 个特大城市和大城市；71.2 公里国道 322 线一级公路贯穿南北。1998 年后就开通了桂林、南宁、深圳、广州、武汉等大中城市的直达班车，全县实现了村村通公路。便捷的交通条件，助力全州县全域旅游提档升级，迎来跨越式发展，给全州禾花鱼的消费需求积蓄了动能。2000 年后全县各行政村均架通了程控电话，近年来建立健全了县、乡、村三级计算机信息网络，进入 2022 年后的移动通信就更发达了，新一代的通信网络已实现了县乡全覆盖。三是饲料资源充足：全州县为全国商品粮基地县，有丰富的谷类、豆类、麸类制品及农业残余物，这些都是鱼类配合饲料的优质原材料。全县有颗粒配合饲料生产厂家 5 家，年生产 5000 吨以上的有 3 家，这些厂家均可生产鱼类专用配合饲料。

以上这三方面的条件，交通便利的条件是起引航作用的，真可谓"一业兴百业旺"。正如广西新闻网报道的那样：2013 年 12 月 28 日，全州南站成为广西第一个开通高铁的县级站，全州县从此融入桂林"一小时经济圈",动车直通南宁、北京、上海、广州、昆明等 13 个城市。便捷的交通条件,助力全州县全域旅游提档升级,迎来跨越式发展。

据该报道,开通高铁以来,全州南站共发送旅客 700 多万人次,日均停靠旅客列车 58 趟,其中高铁动车 41 趟。日行千里的高铁,为游客出行提供了便捷的交通方式,极大方便了游客的观光旅游和休闲度假,"高铁 + 旅游"已成为许多人出行的常态。

该报道还指出:"全州县环境优美,风景如画,历史遗迹众多,拥有红军长征湘江战役纪念园等国家 4A 级旅游景区 3 个,湘山酿酒生态园、炎井温泉等国家 3A 级景区 4 个,广西生态旅游示范区 1 个,还建成并运营了广西首个户外大型高山滑雪场。如今,每天都有不少国内外游客来到全州,重温湘江战役历史,领略风土人情和自然景观,品尝醋血鸭、禾花鱼等特色美食。高铁的通达,让全州融入桂林'一小时经济圈',与南宁、广州、长沙、贵阳等城市形成'3 小时经济圈',带动全州县旅游业实现'井喷式'发展。"

该报道分析预测了全州"红色旅游正升温"。指出"素有广西北大门之称的全州,是红军长征经过的地方,也是湘江战役的主战场,全县 18 个乡镇几乎都留下了红军的足迹,红色文化资源非常丰富"。

2017 年 10 月 19 日,红军长征湘江战役纪念园动工建设;2019年 9 月 12 日,纪念园落成并投入使用。开园后,红色旅游成为全州的一张名片。每逢周末或节假日,旅客从全国各地乘高铁赶往全州,在纪念园接受红色教育,传承长征精神。全州红军长征湘江战役文化保护传承中心主任、红军长征湘江战役纪念馆馆长周运良说,纪念园落成至今,已接待游客 700 多万人,日均接待游客最高达 1.4万人次。纪念园离全州南站大约 10 公里,有公交车直达。

据该报道，2021 年，为了更好地服务周边游客，全州南站开通红色研学专列。当年，全州县共接待游客 726.39 万人次，比 2020 年同期增长 24.73%；旅游收入 76.6 亿元，比 2020 年同期增长 30.35%。全州县走出了一条红色旅游引领全域旅游发展、推动当地旅游业提档升级的创新发展之路。

该报道还举例说明了高铁对经济的带动作用。指出"高铁带动全州旅游业快速发展的同时，也为乡村振兴提供了源源不断的动力。距红军长征湘江战役纪念园车程 10 余分钟的才湾镇南一村委毛竹山村，就是一个生动的例子。该村有个 320 亩的葡萄产业基地，年产值达 400 万余元，带动 46 户农户致富增收。如今，该村与纪念园连成一条精品旅游路线，通过大力发展乡村旅游产业，农户收入不断攀升"。据才湾镇南一村党总支书记王军荣介绍说："一年来，依托湘江战役等红色文化资源开展革命传统教育和爱国主义教育，到毛竹山村的游客超过了 30 万人次。"如今，毛竹山村有了新的目标——发展葡萄采摘体验、农业观光旅游、农产品深加工，实现一二三产业的有机融合。

从这个报道的效应来看，全州禾花鱼产业在新时代新征程中必将会像其他产业一样凭着这些优越的自然与人文条件和独特地理位置，得到新的发展机遇。

二、坚实的科研基础和丰厚的科技成果为科学推动全州禾花鱼产业科学化发展提供科技动力

一是 1986 年在全州县才湾镇大堂屋村委燕子窝村进行了 50 亩连片稻田坑沟养殖三杂交鲤鱼试验，10 月份经地区、县有关专家验收亩均产鱼达 25 公斤，最高亩产鱼达 45 公斤。二是稻田科学养鱼连年获得科技成果奖励：① 1991—1992 年由农业部水产司下达的《稻田养鱼高产高效技术》项目，全州县超额完成项目下达的经济技术指标，两年共试验推广 26200 亩，亩均产稻 906.5 公斤，鱼 30.6

公斤，获广西农牧渔业丰收奖一等奖，农业部二等奖；② 1993 年由自治区下达的《垄稻沟鱼技术开发》项目，试验推广了 8492 亩，亩均产鱼 31.18 公斤，其中高产点 4.6 亩，亩均产稻 747.8 公斤，鱼 100.4 公斤，获自治区科学技术进步三等奖；③ 1994 年由农业厅下达的《稻田深沟养鱼技术开发》项目，1995 年农业部渔业局下达的《稻鱼菜高产高效综合技术》项目、1996—1997 年农业部渔业局下达的《稻田养殖鱼（蟹）高产高效技术》项目、1998—1999 年由农业部渔业局下达的《稻田养鱼新技术》项目经试验推广成功，分别获农业厅农牧渔业科技进步三等奖，自治区农牧渔业丰收一等奖、二等奖，农业部二等奖；④ 2000—2001 年自治区水产局下达的《稻田养殖禾花鱼高产技术》项目，由全州县单独实施成效显著；全县总实施面积 209812 亩，总产稻谷 19069.8 万公斤，商品鱼 1151.9 万公斤，大规格鱼种 11676 万尾，经济作物 1382.4 万公斤；年均亩产稻谷 908.9 公斤，亩产商品禾花鱼 54.9 公斤，亩产大规格禾花鱼种 556.5 尾，亩产经济作物 66 公斤；两年总产值 33126.5 万元，纯收入 12348.9 万元；新增总产值 6738.5 万元，新增纯收入 2728 万元，年平均亩新增纯收入 115.72 元，年平均亩新增税额 14.9 元，投入产出比为 1∶1.69，投资收益率 60.7%，经济效益、社会效益和生态效益显著。2001 年底经过自治区农业厅组织专家进行的项目验收和科技成果鉴定，各项指标均达到全区领先水平，荣获 2002 年广西农牧渔业丰收奖二等奖。

三、健全的推广网络为全州禾花鱼产业发展提供人才支撑

全州县按照《中华人民共和国农业技术推广法》中关于畜牧水产站建设的有关规定建立健全了县、乡、村三级畜牧水产技术推广服务网络。全州县畜牧水产局下设畜牧站、兽医站、科教站、水产站、鱼种场、特种水产养殖场、品改站等技术推广机构，全县 18 个乡镇均成立了水产畜牧技术推广站，200 多个村委设有兽医鱼病门诊部，全县共有 316 人取得水生动物病害防治员和水产技术推广员职业资格证书，并从事水产相关行业。

四、畅通的流通渠道为全州禾花鱼产业发展提质增效提供市场保障

为拓宽销售渠道，使全州禾花鱼的养殖、加工、销售逐渐形成产业化，全州县已形成了以冷藏公司为主的畜禽鱼产品加工体系，年冷藏加工量达 3650 吨，对禾花鱼进行了深加工。早在 2000 年，广西全州县禾花鱼开发有限责任公司成立，并向国家工商局申请注册了全州禾花鱼"禾花"牌商标。在传统民间加工的基础上，通过多次试制，目前已经研制出了一整套科学的全州禾花鱼系列产品加工工艺。通过罐装使其能在较长的时间里保持禾花鱼的形、色、味。2001 年引资在才湾碗厂建起了禾花鱼加工厂——全州县清淳禾花鱼罐头制品厂。该厂占地面积 8.5 亩，引进罐头鱼生产线、熏制鱼干生产线各一条对禾花鱼进行深加工，设计生产规模为年产成品禾花鱼 600 吨，其中罐头鱼 500 吨、熏制鱼干 100 吨。该加工厂的投产率先填补了广西淡水鱼加工业的空白。到 2022 年底，全州县已有规模较大的开展全州禾花鱼加工的企业 5 家，注册商标有"经师傅""海洋坪""李哥哥""戍桂"和"清淳"等 5 个，年加工全州禾花鱼 1000 多吨。此外，全州县 18 个乡镇都设有农副产品销售公司，有专职流通队伍，桂林、柳州、南宁均有禾花鱼销售点，全县经营以畜禽鱼为主的个体户达 1800 余户，确保了禾花鱼产品的货畅其流。

五、市场前景广阔，配套政策保驾护航

一是禾花鱼苗种供不应求。全州县禾花鱼提纯复壮所生产的苗种其价格比普通鲤鱼高几倍甚至十几倍。目前桂林市以及周边县都来全州县定购鱼苗，为全面推广禾花鱼养殖奠定了基础。

二是全州禾花鱼享誉国内外。1998 年以来销量及价格居高不下，货源供不应求，远远不能满足市场需求。外地客商在全州县田头收购价在 15 元／kg 以上，市场价为 18 元／kg。桂林、南宁一些餐馆禾花鱼菜单价在 30 元／kg 以上，南宁市设有全州禾花鱼专卖餐馆。2012 年，全州禾花鱼获得中国农产品地理标志登记保护后，在每年的各种农产品展销会上都作为桂林特色名优农产品亮相，博得社会各界好评，名声更加响亮。

三是党委、政府高度重视全州禾花鱼产业的发展。进入 20 世纪 90 年代，全州县委、县政府就始终把稻田养殖业放在全县经济工作的首位，制定了"以科技为先导，以项目为龙头，以高产优质高效为切入点"的全县稻田科学养鱼发展规划，确定了全县稻田科学养鱼实施方案，县乡主要领导负总责层层签订责任状，并将稻田养鱼增收情况作为评定地方领导政绩的一项主要指标；同时制定了一系列激励广大科技人员和养殖户奋发进取、建功立业的积极措施，先后出台了《关于依靠科技进步加快畜牧水产业发展的决定》《关于促进稻田养鱼发展的若干规定》《关于设立农业科技成果奖的规定》等一系列政策性文件，投入大量资金奖励科技推广人员、养殖户及农产品外销能手，改善科技人员的工作、生活条件，使大批有真才实学的科技人员和养殖户脱颖而出。县委、县政府还成立了有公安、检察、法院、工商、水产、农业、水电、环保等单位参加的"全州县渔业资源管理委员会"积极抓好渔政管理工作，贯彻落实执行《渔业法》，严厉打击电、炸、毒鱼等犯罪活动，为稻田养殖禾花鱼的项目实施起到了保驾护航的作用。到了 2008 年后，继续大力发展全州禾花鱼产业，仍然是全州县委、县政府立足全县实际作出的重大决策，并把它作为加快全县农业结构调整的战略任务。全县各级党委、政府坚持把禾花鱼产业作为促进"三农"发展的重点工程，精心培育，大力扶持，使禾花鱼养殖基地从 20 世纪 50 年代的不足万亩发展到目前的 45 万亩，2009 年禾花鱼产量更达创纪录的

广西禾美稻香现代特色农业核心示范区

1万吨，禾花鱼加工厂也在县委、县政府的引导扶持下于2001年成功建立，目前全州县已有禾花鱼加工厂5家，年加工能力在800吨以上，2009年全州县禾花鱼养殖加工产值达2亿元，禾花鱼产业已经成为全州县独具优势的特色产业和助农增收的支柱产业。至2022年，全州县创建了以全州禾花鱼养殖示范为核心的2个四星级的现代特色农业示范区和1个五星级的现代特色农业示范区，总面积43820亩，总产禾花鱼1303.2吨，总销售额6516.15万元。

第四章

全州禾花鱼农产品地理标志质量控制措施

全州禾花鱼，广西壮族自治区桂林市全州县特产，2012 年 8 月 3 日，农业部正式批准对"全州禾花鱼"实施农产品地理标志登记保护，标志着全州禾花鱼来源于全州县特定地域，其产品品质和相关特征主要取决于全州县自然生态环境和历史人文因素。也就是说，全州禾花鱼具有独特的品质，而这些独特的品质是与全州县独特的自然生态环境和特定的生产方式有关的，要保持这些独特品质，在生产范围、生产环境、生产方式、执行标准等方面都要有一套完整的控制措施。

第一节　生产范围控制措施

全州禾花鱼的地域范围包括全州镇、龙水镇、凤凰镇、才湾镇、绍水镇、咸水镇、蕉江乡、安和镇、大西江镇、永岁镇、黄沙河镇、庙头镇、文桥镇、白宝乡、东山乡、石塘镇、两河镇、枧塘镇等 18 个乡镇，皆产禾花鱼。全州县位于广西东北部，地处北纬 25°29′36″—26°23′36″，东经 110°37′45″—111°29′48″，界于越城岭与都庞岭两大山脉之间。境内东西最宽距离 85.77 公里，南北最长距离 99.23 公里，拥有土地总面积 4021.19 平方公里。东北部依次与湖南省的道县、双牌、永州、东安、新宁五个县（市）交界，南部、东南部与兴安县、灌阳县接壤，西部与资源县毗邻，海拔 200—2123.4 米。拥有水田 54.92 万亩，年生产禾花鱼稻田总面积（早、中、晚三糙）达 45 万亩。年生产禾花鱼总量为 0.8 万吨。

第二节　生产环境选择措施

一、土壤地貌

全州县地处越城岭和都庞岭两大山脉之间，地形特点是南部、西北部及东南部群峰耸立，高山环绕，地势较高；西南和东北部较低；中部以河谷小平原为主，间以山丘、台地；整个地形呈西南向东北倾斜的势态。地形地貌有山地、丘陵、平原、台地、岩溶，主要属山地地貌。土壤类型复杂。有红壤、黄壤、黄棕壤、石灰土、紫色土、山地草甸土、冲积土、水稻土8个土类，可分为17个亚类，54个土属，137个土种。红壤土185万多亩，黄壤土92万

全州县丘陵山地地貌特征

多亩，黄棕壤土 20 万亩，分别占林业用地和耕地面积的 43.6%、23.52% 和 4.59%。中山、低山占 52.5%，石山占 6.47%，丘陵、台地占 9.74%，平原占 29.44%，河流水面占 1.79%，海拔最高为 2123.4 米，最低为 200 米。

二、水文情况

全州县境内江河纵横，流径 6 公里以上的河流有 123 条，其中干流 1 条、一级支流 20 条、二级支流 55 条、三级支流 47 条。沿程共 2182 公里，较大的一级支流有灌阳河、宜乡河、万乡河、长亭河、白沙河、咸水河、鲁塘江、建江。各类河流呈树枝状分布，水量丰富，足供农业灌溉用水，又宜大力发展水电事业。主流湘江，县内流域面积 4003.46 平方公里，县内流程 110.1 公里，河床平均宽度约 180 米，多年平均流量 201 立方米每秒，平均径流深 1087.7 毫米。湘水沿岸多平畴沃土，历来为县内农业灌溉的主要源流。

全州天湖夏天景象（张秋明　摄）

三、气候情况

全州县属中亚热带湿润季风气候区，气候差异明显，光照较足，辐射较强，光能潜力较大。太阳年日照时数 1535.4 小时，6—10 月日照时数达 947.6 小时，历年平均气温为 17.9℃，年极端气温最高 40.4℃，最低 -6.6℃，冬春季各 80 天，夏季 130 天，秋季 70 天，冬短夏长，四季分明，无霜期 266—331 天，平均 299 天。境内年初降雨量为 1474.5 毫米，一年中 3—5 月降雨多，历年平均降雨量 624.4 毫米，占全年降雨量的 42%，其中 5 月份降雨量最大，9—11 月降雨量最少，其中 9 月份最少，仅 54.7 毫米。由于地貌和地势不同，雨量的空间分布也有差异，表现为山区多、丘陵平原少，呈递减态势。

全州高山云海景象

第三节　生产方式控制措施

一、产地控制

必须选择在全州县的全州镇、龙水镇、凤凰镇、才湾镇、绍水镇、咸水镇、蕉江乡、安和镇、大西江镇、永岁镇、黄沙河镇、庙头镇、文桥镇、白宝乡、东山乡、石塘镇、两河镇、枧塘镇等18个乡镇，产地环境质量要符合《农产品安全质量无公害水产品产地环境要求》（GB/T18407.4），且水源充足，水质必须符合《渔业水质标准》（GB11607）或《无公害食品淡水养殖用水水质标准》（NY5051）。

全州禾花鱼外观典型特征

二、品种控制

选择全州本地特色的禾花鱼品种，外形为体短、头小、腹大，鳞片细小透明，鳃盖透明紫褐，背部青黄或金黄色，腹部紫褐色皮薄，半透明隐约可见内脏，各鳍条橘红色或橘黄色，也有的部分鳍条呈青灰色，全身色彩亮丽。杂食性，性成熟年龄雌、雄鱼均为1龄，雄鱼略早。繁殖水温18℃—28℃，适宜水温18℃—25℃。

三、生产过程和方式控制

全州县稻田禾花鱼养殖大部分仍采用传统的平板式养殖和传统的农业耕作方式，即浅水灌溉、晒田，部分还在采取生石灰除水稻虫害，农家肥作水稻生产基肥，投喂少量农家米糠和家畜家禽粪、尿，水生漂萍等肥饲料，这种模式占全县稻田禾花鱼养殖面积的80%。20世纪80年代以来，水产技术部门先后推广了简易的田头坑养殖，垄稻沟养殖，深沟立体养殖，田塘贯通立体养殖方式。这些模式既能种植水稻，又能增加鱼产量和经济作物的收入，一举三得。鱼坑的比例一般占稻田总面积的10%以内，深度50—80厘米，鱼坑四周用水泥砖或者红砖硬化，靠稻田一侧硬化最高面与稻田田底齐平，便于禾花鱼出入稻田觅食等活动。这种生产方式占全县稻田禾花鱼养殖面积的20%。挖坑余土堆于田埂一侧即可用于种植经济作物又可为禾花鱼遮荫。苗种放养一般在水稻插秧7天以后，规格2—3厘米，亩放养500—600尾。稻田养殖禾花鱼基本上不发病，平时不使用防治病药物。水稻品种一般都选择抗倒伏能力强，耐水耐肥的杂优水稻品种，水稻分蘖期浅水晒田7—10天，其他时间尽量保持较深水位。早稻收割时有条件的采取带水收割，以免稻田水体过浅过少，禾花鱼应激过大，影响生长或造成死亡。传统平板养殖方式的稻田收割时在田中一处或一角挖一鱼坑或鱼沟，便于禾花鱼度过晒田或收割期。水稻除虫治病一般都使用高效低毒农药，施用追肥一般采取分两天或分两半分开施放方式。每

投放禾花鱼苗

亩稻田年投入带稻草的农家肥 1000 公斤左右，米糠 50 公斤左右。稻田禾花鱼的收获时间在水稻收割前 15 天左右开始放水捕鱼，捕大留小，将达 40—50 克的禾花鱼收捕处理，其余的继续饲养直到达到商品规格。

四、生产管理控制

全州禾花鱼整个生产过程符合《无公害食品渔业药物使用准则》（NY5071）、《农药合理使用准则》（GB/T8321.6）、《池塘常规培育鱼苗鱼种技术规范》（SC/T1008）以及《广西禾花鱼稻田养殖技术规范》（DB45/T110）、药物消毒按 SC/T1009 的规定执行，药物及用药方法参照 SC/T1008。苗种放养按 SC/T1009 的规定执行。鱼种质量符合《禾花鲤的种质标准》（DB45/T106）要求。

收获禾花鱼情形

五、产品收获控制

产品收获按常规方法。注意防止损伤鱼体造成损失及影响卖相。最好是带一定水位操作，收获产品符合《禾花鱼商品鱼规格》（DB45/T106）要求，实行捕大留小。早稻收割前将达40—50克的商品鱼起捕上市。未达规格的继续饲养，到晚稻收割时起捕，仍未达规格的继续饲养至来年达规格为止。捕鱼时，先疏鱼沟，打开排水口，缓缓排水，使鱼自然集中于鱼坑或鱼沟中，用捞网捕获。

六、执行标准控制

全州禾花鱼产品生产严格按照《无公害食品普通淡水鱼》（NY5053）、《无公害食品水产品中渔药残留限量》（NY5070）执

全州禾花鱼

优美洁净的禾花鱼养殖环境

行。全州禾花鱼产品生产环境严格执行 NY5051 规定的淡水养殖用水水质标准，定期监测，严禁在产地周边 1000 米内制造"三废"污染源，整个养殖期间对水环境进行严格控制（执行标准：NY/T5059）。

第四节　产品品质控制措施

全州禾花鱼产品品质特色和质量安全规定如下：

一、外在感官特征

禾花鱼体短，腹大，头小，背部及体侧呈金黄色或青黄色，鳃盖透明紫褐、腹部紫褐色皮薄，半透明隐约可见内脏，全身色彩亮丽，性情温和。

二、内在品质

骨软无腥味，肉质细嫩清甜，鲜嫩可口。全州禾花鱼每 100 克鱼肉含蛋白质 ≥ 14 克，脂肪 ≤ 4 克，每千克鱼肉含钙 ≥ 500 毫克、锌 ≥ 28 毫克、铁 ≥ 15.5 毫克。

全州禾花鱼外观特征

第五节　包装标识使用控制措施

标志使用人应在其产品或包装上使用农产品地理标志（全州禾花鱼名称和公共标识图案组合标注型式），并对标识的使用情况如实记录、登记造册并存档，存期三年。

鲜活全州禾花鱼部分包装照片（蒋经运　提供）

经师傅牌全州禾花鱼加工产品包装销售情形（张秋明　摄）

全州禾花鱼农产品
地理标志知识问答

第一节　有关农产品地理标志知识的问答

1. 什么是农产品地理标志？

农产品地理标志是指标示农产品来源于特定地域，产品品质和相关特征主要取决于自然生态环境和历史人文因素，并以地域名称冠名的特有农产品标志。此处所称的农产品是指来源于农业的初级产品，即在农业活动中获得的植物、动物、微生物及其产品。

2. 农产品地理标志登记管理工作由谁负责？

农业农村部负责全国农产品地理标志的登记工作，农业农村部农产品质量安全中心负责农产品地理标志登记的审查和专家评审工作。省级人民政府农业行政主管部门负责本行政区域内农产品地理标志登记申请的受理和初审工作。农业农村部设立的农产品地理标志登记专家评审委员会，负责专家评审。

3. 农产品地理标志登记是否收费？

农产品地理标志登记管理是一项服务广大农产品生产者的公益行为，主要依托政府推动，登记不收取费用。《农产品地理标志管理办法》规定，县级以上人民政府农业行政主管部门应当将农产品地理标志管理经费编入本部门年度预算。

4. 什么样的产品可以申请农产品地理标志登记？

申请地理标志登记的农产品，应当符合下列条件：称谓由地理区域名称和农产品通用名称构成；产品有独特的品质特性或者特定的生产方式；产品品质和特色主要取决于独特的自然生态环境和人文历史因素；产品有限定的生产区域范围；产地环境、产品质量符合国家强制性技术规范要求。

5. 对农产品地理标志登记申请人资质有什么要求?

农产品地理标志登记申请人应当是由县级以上地方人民政府择优确定的农民专业合作经济组织、行业协会等服务性组织,并满足以下三个条件:具有监督和管理农产品地理标志及其产品的能力;具有为地理标志农产品生产、加工、营销提供指导服务的能力;具有独立承担民事责任的能力。

6. 企业、个人能否作为农产品地理标志登记申请人?

农产品地理标志是集体公权的体现,企业和个人不能作为农产品地理标志登记申请人。

7. 农产品地理标志登记申请需要提交哪些材料?

符合农产品地理标志登记条件的申请人,可以向省级人民政府农业行政主管部门提出登记申请,并提交下列申请材料:登记申请书;申请人资质证明;产品典型特征特性描述和相应产品品质鉴定报告;产地环境条件、生产技术规范和产品质量安全技术规范;地域范围确定性文件和生产地域分布图;产品实物样品或者样品图片;其他必要的说明性或者证明性材料。

8. 农产品地理标志登记审查的流程是怎样的?

省级人民政府农业行政主管部门自受理农产品地理标志登记申请之日起,应当在 45 个工作日内完成申请材料的初审和现场核查,并提出初审意见。符合条件的,将申请材料和初审意见报送农业农村部农产品质量安全中心;不符合条件的,应当在提出初审意见之日起 10 个工作日内将相关意见和建议通知申请人。

农业农村部农产品质量安全中心应当自收到申请材料和初审意见之日起 20 个工作日内,对申请材料进行审查,提出审查意见,并组织专家评审。经专家评审通过的,由农业农村部农产品质量安全中心代表农业农村部对社会公示。有关单位和个人有异议的,应当自公示之日起 20 日内向农业农村部农产品质量安全中心提出。公示无异议的，由农业农村部做出登记决定并公告，颁发《中华人民共和国农产品地理标志登记证书》，公布登记产品相关技术规范和标准。专家评审没有通过的，由农业农村部做出不予登记的决定，书面通知申请人，并说明理由。

9. 农产品地理标志登记证书有效期是多长时间?

农产品地理标志登记证书长期有效。有下列情形之一的，登记证书持有人应当按照规定程序提出变更申请：登记证书持有人或者法定代表人发生变化的；地域范围或者相应自然生态环境发生变化的。

10. 对农产品地理标志使用人资质有什么要求?

符合下列条件的单位和个人，可以向登记证书持有人申请使用农产品地理标志：生产经营的农产品产自登记确定的地域范围；已取得登记农产品相关的生产经营资质；能够严格按照规定的质量技术规范组织开展生产经营活动；具有地理标志农产品市场开发经营能力。

使用农产品地理标志，应当按照生产经营年度与登记证书持有人签订农产品地理标志使用协议，在协议中载明使用的数量、范围及相关的责任义务。

11. 农产品地理标志使用人有哪些权利和义务?

农产品地理标志使用人享有以下权利：可以在产品及其包装上使用农产品地理标志；可以使用登记的农产品地理标志进行宣传和参加展览、展示及展销。

农产品地理标志使用人应当履行以下义务：自觉接受登记证书持有人的监督检查；保证地理标志农产品的品质和信誉；正确规范地使用农产品地理标志。

12. 国家对农产品地理标志如何监督管理?

县级以上人民政府农业行政主管部门应当加强农产品地理标志

监督管理工作，定期对登记的地理标志农产品的地域范围、标志使用等进行监督检查。登记的地理标志农产品或登记证书持有人不符合相关规定的，由农业农村部注销其地理标志登记证书并对外公告。对于伪造、冒用农产品地理标志和登记证书的单位和个人，由县级以上人民政府农业行政主管部门依照《中华人民共和国农产品质量安全法》有关规定处罚。

13. 是否接受国外农产品地理标志登记?

农业农村部将适时接受国外农产品地理标志在中华人民共和国的登记。

14. 农产品地理标志使用档案应当保存多少年?

农产品地理标志使用人应当建立农产品地理标志使用档案，如实记载地理标志使用情况，并接受登记证书持有人的监督。农产品地理标志使用档案应当保存 5 年。

15. 全州禾花鱼是哪年获得中国农产品地理标志?

根据农产品地理标志登记程序自 2009 年登记申请，经审核确认、现场核查、审核评审、公示公告，全州禾花鱼于 2012 年 8 月获得中国农产品地理标志证书，证书编号: AGI00942。

16. 全州禾花鱼地理标志地域范围?

全州禾花鱼的地域范围包括全州镇、龙水镇、凤凰镇、才湾镇、绍水镇、咸水镇、蕉江乡、安和镇、大西江镇、永岁镇、黄沙河镇、庙头镇、文桥镇、白宝乡、东山乡、石塘镇、两河镇、枧塘镇等 18 个乡镇。全州县位于广西东北部，地处北纬 25° 29′ 36″ —26° 23′ 36″，东经 110° 37′ 45″ —111° 29′ 48″，界于越城岭与都庞岭两大山脉之间。境内东西最宽距离 85.77 公里，南北最长距离 99.23 公里，拥有土地总面积 4021.19 平方公里。东北部依次与湖南省的道县、双牌、永州、东安、新宁五个县（市）交界，南部、东南部与兴安县、灌阳县接壤，西部与资源县毗邻，海拔 200—2123.4

米。拥有总水田面积54.92万亩,年生产禾花鱼稻田总面积(早、中、晚三糙)达45万亩。年生产禾花鱼总量达8000吨。

17. 全州禾花鱼生产总规模是多少?

全州禾花鱼生产总规模:养殖面积30000公顷,8000吨/年。

18. 生产全州禾花鱼的质量控制规范编号?

全州禾花鱼的质量控制规范编号:AGI2012-02-00942。

第二节　有关全州禾花鱼营养方面的问答

19. 全州禾花鱼有何独特的营养指标？

全州禾花鱼每 100 克鱼肉含蛋白质 ≥ 14 克，脂肪 ≤ 4 克，每千克鱼肉含钙 ≥ 500 毫克、锌 ≥ 28 毫克、铁 ≥ 15.5 毫克。

20. 全州禾花鱼与其他鲤鱼相比的营养价值有何差别？

经研究，全州禾花鱼的含肉率为 56.57％，肌肉中蛋白质的含量为 18.06％，其蛋白质含量比其他品种，如黑龙江野鲤、德国镜鲤、散鳞镜鲤、兴国红鲤、欧江彩鲤都要高。水分含量为 74.69％，灰分 1.2％、脂肪 3.25％；肌肉中氨基酸总量为 73.66％，人体必需氨基酸总量为 33.54％，必需氨基酸占总氨基酸的 45.54％，必需氨基酸的构成基本符合 WHO／FAO 的标准，其中苏氨酸为第一限制性氨基酸，4 种鲜味氨基酸的含量较高为 27.69％。因此，禾花鲤是一种营养价值较高，宜推广养殖和加工利用的鱼类品种。

第三节 有关全州禾花鱼价值方面的问答

21. 全州禾花鱼有何历史文化价值？

全州禾花鱼养殖可追溯至汉代，唐昭宁年间，刘恂在《岭表录异》中已有详细的文字记载，相传清代乾隆皇帝下江南时，在桂林府里品尝到鲜美可口的全州禾花鱼，遂一道圣旨命广西每年要把全州禾花鱼贡至清廷。全州禾花鱼因之成为清代贡品，誉满京城。1954 年夏，农业部、广西省商业厅及苏联专家专程来全州考察了全州县稻田禾花鱼养殖，认为全州稻田养鱼两全其美，宜大力发展，《中国淡水鱼类养殖学》为此专作记载。

22. 全州县举办了哪些有关禾花鱼的大型庆祝活动？

全州县每年举办湘山文化节、稻渔丰收节、农民丰收节捉鱼比赛、各种展览活动。

23. 全州禾花鱼有何民间佳话流传？

全州禾花鱼民间佳话流传较多，其中"卧冰求鲤""鲤鱼跃龙门""禾花鱼下酒，见者不走""见者入席，喝酒吃鱼""腊鱼仔送饭，鼎锅也刮烂""炒鱼肚货，肚子胀破"等特别常见。

24. 全州禾花鱼取得了哪些科技价值？

全州禾花鱼的科技价值体现在长期以来实施的科技项目中获得的科技成果上，主要有：① 1991—1992 年实施的《稻田养鱼高产高效技术》项目，获广西农牧渔业丰收奖一等奖、全国农牧渔业丰收奖二等奖；② 1993 年实施的《垄稻沟鱼技术开发》项目获广西壮族自治区科学技术进步三等奖；③ 1994 年实施《稻田深沟养鱼技术开发》项目、1995 年实施《稻渔高产高效综合技术》项目、1996—1997 年实施《稻田养殖鱼（蟹）高产高效技术》项目经试验推广成功分别获广西科技进步三等奖；1998—1999 年实施的《稻田养鱼新技术》项目获广西农牧渔业丰收一等奖、全国农牧渔业丰收奖二等奖；④ 2000—2001 年实施的《稻田养殖禾花鱼高产技术》项目荣获 2002 年广西农牧渔业丰收奖二等奖。

25. 全州禾花鱼什么时候获得广西农业品牌目录区域公用品牌？

全州县全州禾花鱼 2019 年获广西农业品牌目录区域公用品牌。

26. 全州县什么时候因禾花鱼获得广西特色农产品优势区？

2019 年全州县因禾花鱼而荣获广西特色农产品优势区。

27. 全州县什么时候因禾花鱼获得中国特色农产品优势区？

2020 年全州县因禾花鱼而被认定为第三批中国特色农产品优势区。

28. 全州禾花鱼什么时候获得中国重要农业文化遗产保护？

2021 年桂林市全州县被农业农村部认定为第六批中国重要农业文化遗产——广西桂西北山地稻鱼复合系统。

第四节 有关全州禾花鱼特征特性的问答

29. 全州禾花鱼是什么鱼?

全州禾花鱼隶属于鲤形目、鲤科、鲤属,是一种广温性鱼类,杂食性,属底层鱼类。是经过长期养殖驯化、自然选择、人工选择,使其形态和体色发生不同方向的分化产生的独特养殖群体。

30. 全州禾花鱼有哪些地方名?

禾花鲤、禾花乌鲤、乌肚拐、乌鲤鱼。

31. 全州禾花鱼的形态特征有哪些?

全州禾花鱼体短,腹大,头小,背部及体侧呈金黄色或青黄色,鳃盖透明紫褐、腹部紫褐色皮薄,半透明隐约可见内脏,全身色彩亮丽,性情温和。

刚从稻田中捕获的禾花鱼形态特征

32. 全州禾花鱼的生活习性有哪些?

全州禾花鱼属鲤科,是一种广温性鱼类,适合在酸性或中性的水域中生长繁殖,属底层鱼类。对环境的适应能力强,具有较强的耐寒,耐酸碱和耐缺氧能力。能在恶劣的环境条件下生长、繁殖。该鱼喜温暖、性温和、活动能力弱、易捕捞。在江河、湖泊、水库、池塘、稻田中都能生长繁殖,特别喜欢在水草丛中及底泥松软的地方栖息。在 0.7 毫克 / 升容氧水体中也能生存。在稻田中能忍耐最高温度 40.4℃,忍耐最低温度 −6.6℃,耐浅水。

33. 全州禾花鱼是什么食性鱼类?

全州禾花鱼属杂食性鱼类,食性广。幼鱼以浮游动物,底栖小型脊椎动物等为食,成鱼主食底栖动物,也摄食部分水生植物的茎、叶、种子。人工养殖的喜食商品饲料,如糠、麸、饼、粕类等。水温 8℃以上开始大量摄食。

34. 全州禾花鱼鱼肉品质怎么样?

全州禾花鱼骨软无腥味,肉质异常细嫩清甜,鲜嫩可口,去胆后可整体食用。

第五节　有关全州禾花鱼人工繁育方面的问答

35. 全州禾花鱼可以在池塘或者稻田自然繁殖吗?

只要环境生态因子适宜,亲鱼发育良好,即使不注射催产激素,也可自行在池塘中产卵繁殖。

36. 全州禾花鱼繁殖一般在什么季节?

4月产卵(清明—谷雨期间),如果气温合适(连续5天水温18℃以上)人工催产可以提前到3月。

37. 全州禾花鱼雄性成熟标志?

雄鱼头部鳃盖、胸鳍处有明显的追星、手感粗糙、泄殖孔呈长形下凹的禾花鱼。雌鱼腹部膨大,柔软且富有弹性,泄殖孔微红呈圆形、外凸。

雌雄禾花鱼外观照片(上雌、下雄)

38. 全州禾花鱼公母怎么区分?

母鱼腹部膨大,泄殖孔红润;公鱼体型健壮,轻压泄殖孔有白色精液流出。

39. 全州禾花鱼公母比例怎么搭配?

在开展全州禾花鱼人工繁殖时,选择腹部膨大且柔软富有弹性的雌鱼进行繁殖,按 1∶2 的雌、雄配比放入产卵塘,由于禾花鱼雄性个体普遍小于雌性个体,为保证受精率,雌、雄配比至少在 1∶1.5 以上。

40. 全州禾花鱼人工催产药物怎么选择?

绒毛膜促性腺激素(HCG)用量 800—1000 单位 /kg、促黄体生成素释放激素类似物(LRH-A、LRH-A2、LRH-A3)用量 3—5 微克 /kg。

41. 全州禾花鱼药物催产怎么注射?

注射位置为胸腔或者背部肌肉注射,进针角度 30°—45°,雌鱼每尾注射 1 毫克左右,雄鱼每尾注射 0.3 毫克左右。

42. 全州禾花鱼注射催产药物后效应时间多长?

与水温有关系,温度高则效应时间短,温度低则效应时间长或者催产失败。水温 20℃左右效应时间在 8—14 小时。

43. 全州禾花鱼人工受精有哪些注意事项?

如果是干法授精,在授精之前工具及鱼卵、精子不能沾有水。因为鱼类精子在鱼体中是处于休眠状态的,遇到水之后马上会被激活,激活后精子在水体活力逐渐下降,2—3 分钟就会死亡。

44. 如何在繁殖池塘里采集禾花鱼卵?

在繁殖池塘的入水口处设置一个用竹竿扎成的方形鱼巢,鱼巢大小视亲鱼的多少而定,中间放置干净且经消毒、根系发达的水浮莲。采取自然冲水产卵法,每天注入新水,刺激亲鱼发情产卵。产卵期间注意观察,水浮莲上附满鱼卵要马上转入准备好的孵化塘中孵化，同时鱼巢及时更换新的水浮莲。

45. 如何在池塘中孵化禾花鱼?

将产满鱼卵的水浮莲集中到孵化池里进行集中孵化，每亩可放鱼卵 30 万枚左右。用 0.2 克 / 米^3 的亚甲基蓝消毒，以预防水霉。

46. 全州禾花鱼受精卵多久孵化出膜?

受精卵发育与水温关系较大，水温 18℃需要 4—5 天，水温 20℃需要 3—4 天，水温 25℃需要 2—3 天。

47. 全州禾花鱼刚孵化出来的小苗多久才能开口吃食?

注意观察鱼苗的鱼鳔充气后就可以投喂了。

48. 全州禾花鱼刚孵化出来的小苗的食物是什么?

最佳开口饵料为轮虫与一些藻类，辅助投喂可以是捣烂的鸡蛋黄。

第六节　有关全州禾花鱼养殖方面的问答

49. 全州禾花鱼的养殖方式有哪些?

全州禾花鱼的养殖方式有稻田坑沟养鱼、田塘贯通养鱼、坑上种瓜立体养鱼、田头小坑养鱼等。

稻田坑沟养鱼

田塘贯通养鱼

坑上种瓜立体养鱼

田头小坑养鱼

50. 禾花鱼养殖稻田条件和设施有哪些?

要选择水源充足,水质清新不受污染,有良好的排灌条件且田埂坚固的稻田作为养殖载体。一般来讲,稻田耕作层要深,面积越大越好，至少要 1—5 亩，最好是 50 亩以上连片养殖。稻田土壤以中性或微碱性的壤土或黏土为好。要求保水力和保肥力较强、不受旱涝影响。田间水位能保持较长时间不降低，特别是鱼沟、鱼坑里的水能经常稳定在所需的水层。

已选择作为养殖禾花鱼的稻田，必须加宽加高夯实田埂达到 0.5 米左右，目的是能提高稻田养鱼后的蓄水量，防止漏水、垮埂、水翻田埂和跑鱼。鱼沟和鱼坑应在插秧前预先挖好。鱼沟要在环田距田埂 80—100 厘米的地方开挖，面积较小的稻田挖成"十"字形，大而长的稻田挖成"田"字形、"井"字形或"目"字形，沟深 30 厘米、宽 40 厘米。鱼沟两旁用水泥砖堆砌，防止沟泥塌陷。鱼坑宜设在靠近进水口的田边或田角，也可以设在田中心。稻田排灌口要开在相对两角的田埂上，排灌时须安置拦鱼栅，防止放水时逃鱼。

51. 如何开展清田消毒和放养鱼种？

在消毒方面：稻田在放养鱼苗前半个月，每立方米水用 200—250 克生石灰进行清田消毒。待 5—6 天生石灰碱性消失后，灌水 30 厘米左右，以后再逐渐注入新水。灌水时要用 40 目的网袋过滤，以防野杂鱼进入稻田。消毒后 7 天左右施足基肥，经过一个月左右时间，水中浮游生物大量繁殖，此时可放入禾花鱼鱼种。放养苗种要体质健壮、规格整齐、无伤无病。

在鱼种放养方面：为尽量延长禾花鱼在稻田中的生长期，鱼苗可在稻田插秧后 15 天左右下田。这样还可以及时利用稻田中大量繁殖生长的生物饵料。①放养品种。以禾花鱼为主养鱼种，鲫鱼、鲢鱼、鲤鱼为混养鱼种。②放养数量。要根据鱼坑的大小、稻田的生态条件、是利用稻田天然饵料粗放养殖还是投饵精养，以及鱼种规格大小和产量要求来确定鱼种放养数量。主养禾花鱼的每亩投放800—1200 尾。8—15 厘米的大规格鱼种每亩稻田可放养 200—800尾。粗放养殖放养密度可以小些。放养鱼种时还要特别注意如下四点：

一是要注意让鱼种适应稻田水的水温，温差过大时，要将鱼水袋连鱼带水（封口）搁置在稻田水中过渡，至水温接近一致时将苗种放入稻田水中；

二是鱼种出现不适应时，及时注入新水；

三是做好鱼体消毒，将鱼种放在3%—5%的食盐水中消毒5—10分钟再放入鱼沟或鱼坑；

四是要检查出入水口的拦鱼设施，防止鱼种逃跑或野杂鱼进入。

52. 养殖全州禾花鱼的稻田如何灌水和晒田？

在排灌方面：水稻田可以按常规排灌，但必须注意一是分蘖末期晒田时不能晒鱼，并且晒田时间要短；二是灌浆结实期，要求田中无水层的沟中要灌满水；三是成熟期不能过早断水。

在晒田方面：晒田前要将鱼沟、鱼坑内的泥土清理一次，将清理出的淤泥堆放到田边或田外，以增加鱼沟和鱼坑的蓄水量，然后再将禾花鲤赶到鱼沟、鱼坑里去。晒田时要掌握好鱼沟和鱼坑内水的深度。保持沟内有30厘米、坑内有60—80厘米深的水位。这样既能达到水稻晒田目的，又不影响禾花鱼的正常生长。

53. 养殖全州禾花鱼的稻田如何施肥和施药？

在施肥方面：合理的稻田施肥，不仅可以满足水稻生长对肥料的需要，而且能增加稻田水体中饵料生物量，为禾花鱼生长提供饵料保障。肥料以基肥为主，追肥为辅；以有机肥为主，化肥为辅。基肥要占70%—80%。追肥要控制每次用量，追肥一般都用化肥，主要有尿素、硝酸铵、过磷酸钙、氯化钾等。提倡施用生物肥料和复合肥，喷施根外肥。施肥时应避免高温天气，并尽可能地使鱼集中到鱼沟、鱼坑中，切勿将化肥直接施入鱼沟、鱼坑内。有机肥料必须充分腐熟后方可使用，这样对水稻和鱼的生长都很重要。不可使用氨水和碳酸氢铵。施用化肥时，每亩用量应控制在7.5公斤—

10 公斤，在施肥的同时还要适当加深田水。

在用药方面：稻田养殖禾花鱼后，水稻的病虫害明显减轻。使用诱虫灯后，一般不需要用药防治。如确需用药，一定要使用对鱼危害很小的低毒药剂，且不能任意加大药物剂量。喷药前要加深田水（全田灌水 6—10 厘米）或将鱼集中于鱼沟和鱼窝中。在农药的喷洒方法上要注意：水剂药物应在晴天稻叶无露水时喷洒；粉剂药物应在早晨稻叶露水未干时喷洒。这样能尽可能地使药物附着在叶面上，而不落入稻田水中。绝对不能将药物直接喷到鱼沟和鱼坑里。施药后，如发现鱼类有中毒反应，必须立即加注新水，同时排去有毒田水，稀释水中农药浓度，避免鱼类中毒死亡。

54. 全州禾花鱼稻田养殖日常管理主要事项有哪些？

一是稻种选择。水稻品种必须是抗病、抗倒伏的优良品种。

二是稻田蓄水。除浅灌或晒田外，田里不能断水，要保持水深 8 厘米左右。

三是田间管理。经常检查田埂，防漏防垮。检查进排水口的拦鱼设施，发现损坏及时维修，并做好防病防偷工作，确保稻田养鱼的安全生产。

四是鱼沟鱼坑清理。一般每 10 天左右清理一次鱼沟和鱼坑，使鱼沟的水保持通畅，使鱼坑能保持应有的蓄水高度。保证禾花鱼正常的生长环境。

五是投饵。稻田中有丰富的昆虫、浮游生物、底栖动物等天然饵料。一般肥度的稻田每亩每天可形成 20 公斤左右的天然鱼饵量供鱼类摄食。但如果要使稻田养鱼达到每亩 50 公斤以上产量，则必须投喂饵料。投饵时要做到定点、定时、定量，并注意观察鱼类摄食、活动情况，并根据摄食情况调整投饵量。常用的饵料有嫩草、水草、浮萍、菜叶、糠麸和复合颗粒饲料等。上午和下午各投喂一次，确保禾花鱼食物的营养均衡。每天投量应在 2 小时内吃完为度。

55. 全州禾花鱼稻田养殖如何做好鱼病防治?

稻田养鱼水体小、密度高,疾病传播快,因此,必须保证放养鱼种体质健壮。鱼种放养前对稻田和鱼种进行严格的消毒。

一是鱼苗消毒。禾花鱼苗种下田前,要用3%—5%的食盐水浸泡消毒,浸泡时间根据水温和鱼体状况而定,一般可浸泡10—15分钟。每半个月用生石灰20克/立方米、二氧化氯0.3克/立方米或养邦0.2克/立方米全池泼洒一次,以预防鱼病。在用药时要选用无毒高效药物,如生石灰、强氯精、二氧化氯等。

二是水体消毒。疾病流行季节对养鱼水体进行定期消毒。

56. 全州禾花鱼生产过程如何正确处理稻作与养鱼的关系?

养鱼与晒田、夏收夏种,历来是稻田养鱼中最突出的矛盾。在养殖过程中,除加高田埂加深鱼沟外,还要采取如下措施:一是晒田,只在水稻分蘖期浅水晒田7—10天,其他时间保持稻田水深在30厘米以上;二是早稻成熟时采取保水收割,避免在高温季节放水后稻田水体缩小导致鱼类产生应激,影响正常生长。

第七节　有关全州禾花鱼加工方面的问答

57. 全州禾花鱼有预包装食品吗？产品有多少种加工方法？

全州禾花鱼产品有预包装食品。产品加工的方法很多种，目前最常见的有腊鱼、罐头鱼、小真空袋包装即食鱼、鱼肉酱等。

58. 全州禾花鱼腊鱼的年产量有多少？

全州禾花鱼腊鱼 2022 年产量为 1030 吨，比上年增长 0.19%。

59. 全州禾花鱼腊鱼的保存方法有哪些？

全州禾花鱼腊鱼的保存方法非常简单，因为烘制的腊鱼水分很少，简单包装就可以在常温下保存一周以上，也可以冷冻保存，保存期限 8 个月至一年。真空保存，保存期限 2 年。

60. 全州禾花鱼加工技艺何时获得桂林市非物质文化遗产保护项目？

2011 年获得桂林市非物质文化遗产保护项目。

61. 全州禾花鱼罐头有几种口味？

目前常见的有豆豉原味全州禾花鱼、香辣味全州禾花鱼、麻辣味全州禾花鱼、酸辣味全州禾花鱼、红烧全州禾花鱼、烧烤味全州禾花鱼等十几个口味。

62. 全州禾花鱼罐头的年产量和年产值有多少？

2022 年全州禾花鱼罐头的产量为 65 吨，年产值 469 万元。

63. 全州禾花鱼罐头主要销往哪里？

全州禾花鱼罐头面向桂林、南宁等广西各市县，湖南、贵州、广东、北京等全国各地。

64. 全州禾花鱼罐头的销售方式？

全州禾花鱼罐头的销售方式主要有线下和线上销售。线下销售包括批发和零售。零售又包括门店销售、农产品展销会、农产品交易会、农产品宣传推介会等形式。线上销售包括在淘宝、微信小程序、微信朋友圈、微信群、抖音、快手等网络平台及新媒体线上销售。

65. 目前全州禾花鱼罐头生产厂家有多少家？生产能力怎么样？

目前全州禾花鱼罐头生产厂家有桂林全州县福华食品有限公司、桂林海洋坪农业有限公司、广西禾花忆农业科技有限公司、广东鹰金钱海宝食品有限公司等几家公司。年生产能力约600吨。

66. 全州禾花鱼目前最流行的烹调菜肴有哪些？

全州禾花鱼目前最流行的烹调菜肴有串烧禾花鱼、油炸禾花鱼、农家禾花鱼、石锅禾花鱼、清煮禾花鱼、酸辣禾花鱼、糖醋禾花鱼、五柳禾花鱼、松子禾花鱼、菊花禾花鱼、豆瓣禾花鱼、清蒸禾花鱼、锅贴禾花鱼、陆酒禾花鱼、寿子鱼、红烧禾花鱼、干煎禾花鱼、生片禾花鱼、串汤禾花鱼、豆腐禾花鱼、麻酥禾花鱼等。

第八节 有关全州禾花鱼品牌及宣传方面的问答

67. 全州禾花鱼注册了哪些商标?

到 2022 年底,全州县注册有"经师傅""海洋坪""李哥哥""禾花忆"和"清淳牌"等禾花鱼品牌。

68. 全州禾花鱼品牌是如何开展宣传的?

全州禾花鱼品牌宣传力度年年加强,品牌竞争力越来越强,影响力也越来越广泛,这得益于宣传推广工作到位。

一是通过电视台录制全州禾花鱼的生产、加工技术等进行宣传推广。

二是通过参加农产品展销会、推介会等形式宣传推广。

三是通过发放宣传册、宣传单的形式宣传推广。

四是通过电视广告、户外广告的形式宣传推广。

五是通过报纸、杂志广告宣传推广。

六是通过策划特别的全州禾花鱼丰收活动、捉鱼活动、美食品尝活动宣传推广。

七是通过互联网、新媒体营销全州禾花鱼产品宣传推广。

八是通过开展技术服务和品牌营销培训宣传推广。

九是通过市场面对面广播宣传。

十是通过车辆广播移动宣传推广。

十一是通过招商引资渠道宣传推广。

十二是通过民俗博物馆收藏渔具等向游客宣传推广。

十三是通过悬挂横幅、宣传牌、宣传栏宣传推广。

69. 全州禾花鱼品牌曾经做了哪些比较有影响力的宣传推广活动?

全州禾花鱼品牌在中央电视台新闻频道、科教频道、农业频道，人民网、南国早报、新华社、广西电视台等电视台、报纸、互联网媒体多次宣传，极大地提高了品牌宣传推广的效果，提升了全州禾花鱼品牌的竞争力和影响力。其中比较有影响力的宣传推广活动为：

一是 2020 年 6 月 24 日，央视财经频道播出《广西全州：鱼苗游进稻田，稻渔共生助力脱贫攻坚》，介绍全州禾花鱼稻田种养模式及效益。

二是 2020 年 9 月 17 日，"大碧头杯"第四届全国农民体育健身大赛暨 2020 年广西庆祝中国农民丰收节在广西桂林市全州县举办，现场举办了稻渔丰收活动，捉鱼大赛，全州禾花鱼产品品尝和展销活动，极大地提高了全州禾花鱼品牌的影响力。

2020 年央视采访发展稻田养鱼促进脱贫攻坚送鱼苗活动

三是 2021 年 9 月 17 日，第七届中国（广州）国际渔业博览会（简称"广州渔博会"）上宣传推广全州禾花鱼品牌及产品，《中国水产》《今日头条》刊登图文宣传报道。

四是 2021 年 9 月 27 日，桂林市全州县东山瑶族乡建乡七十周年，桂林摄影公众号刊登图文《瑶乡飞出幸福歌》推销禾花鱼产品。

五是 2021 年 9 月 30 日，中华产品网，9 月 27 日桂视网都刊登《禾花鱼丰收，发展稻渔产业》图文宣传全州禾花鱼。

六是 2022 年 2 月 6 日，中央电视台-10 套科教频道《探索·发现》栏目、《家乡至味 2022（20）》播出《全州十大碗》节目，其中第十碗大菜就是全州禾花鱼，寓意年年有余、团团圆圆、十全十美。

七是 2022 年 8 月 26 日，中央电视台新闻频道《新闻直播间》播出介绍全州禾花鱼稻渔共生双丰收内容。

八是 2022 年 9 月 9 日，中央电视台新闻频道《新闻直播间》播出介绍全州禾花鱼稻渔综合种养助农增收内容；9 月 30 日全州县在庆祝中国农民丰收节上专门推介了全州禾花鱼。

2022 年全州县庆祝农民丰收节会场

全州县庆祝农民丰收节展示展销禾花鱼

第九节 纳入中国重要农业文化遗产保护方面的问答

70. 全州禾花鱼纳入中国重要农业文化遗产的名称是什么?

广西桂西北多民族山地稻鱼复合系统。

71. 全州禾花鱼是什么时候纳入中国重要农业文化遗产保护系统的?

2021年11月12日,中华人民共和国农业农村部公布第六批中国重要农业文化遗产名单,广西桂西北山地稻鱼复合系统(柳州市三江侗族自治县、融水苗族自治县、桂林市全州县、百色市靖西市、那坡县)榜上有名,全州县将全州禾花鱼纳入其中。

72. 全州禾花鱼纳入中国重要农业文化遗产的重大意义?

一是对地方经济发展与乡村振兴具有重要意义。

二是对农业种质资源保护具有重要意义。

三是传统稻作农业对农业生态环境保护具有重要意义。

四是遗产系统是西南山地农业的代表。

73. 全州禾花鱼纳入中国重要农业文化遗产保护系统后,如何开展工作?

全州禾花鱼纳入中国重要农业文化遗产保护系统后,全州县农业农村部门按照创造性和创新性发展的要求,坚持保护优先,加强工作指导和宣传展示,认真落实遗产保护与发展规划,及时总结遗产保护传承实践中的经验做法。县农业农村部门切实履行职责,加强部门协同配合,吸引更多社会力量参与遗产保护传承事业,提升当地居民保护传承意识,强化遗产保护与发展规划落地实施,在严格保护的基础上积极探索合理利用的有效途径,以文育人建设文明乡风,产业创新支持农民就业增收,推动当地物质文明和精神文明共同繁荣进步。

一要为保护工作提供制度化保障。

二要加强全州禾花鱼稻渔复合种养示范基地建设。使整个农业生产步入可持续发展的良性循环轨道，实现生态、经济与社会效益的和谐统一。

三要加强传统稻渔种质资源的普查与保护工作。

四要加强科学研究与科普宣传。

五要加强区域品牌建设，探索全州禾花鱼稻渔产业健康发展。

74. 广西桂西北多民族山地稻鱼复合系统（全州禾花鱼）农业文化遗产核心保护范围的地理边界有哪些？

广西桂西北多民族山地稻鱼复合系统的核心保护范围覆盖区域：其中全州县为龙水镇、才湾镇、绍水镇、永岁镇、咸水镇、凤凰镇、东山乡、白宝乡8个乡镇。

第十节　有关全州禾花鱼中国特色农产品优势区的问答

75. 建设全州禾花鱼中国特色农产品优势区的主体单位?

建设全州禾花鱼中国特色农产品优势区的主体单位是全州县人民政府。

76. 全州禾花鱼中国特色农产品优势区的规划期限?

本规划期限为：2019—2022 年，共 4 年。

77. 全州禾花鱼中国特色农产品优势区的特色主导产品是什么?

稻田养殖的全州禾花鱼。

78. 建设全州禾花鱼中国特色农产品优势区的牵头负责部门?

全州县农业农村局。

79. 全州禾花鱼养殖生产方式有何特点?

全州县稻田养殖禾花鱼积极推行传统的浅水灌溉、晒田，生石灰除水稻虫害，农家肥作水稻生产基肥，投喂少量农家米糠，水生浮萍等绿色养殖生产方式。

80. 全州县稻田养殖禾花鱼"党建＋合作社＋特色农产品"模式主要内涵是什么?

全州县推行"党建＋合作社＋特色农产品"模式，积极引导各村禾花鱼养殖大户、党员致富能手联合周边群众成立禾花鱼产业合作社，连点成线，线动成面，促进禾花鱼养殖的规模化、集约化发展。

81. 全州县稻田养殖禾花鱼有哪些资源优势?

全州县稻田养鱼已有 2000 多年的悠久历史，曾为清朝乾隆年间宫廷贡品，现为桂林市名牌农产品，广西传统名吃，国家农产品地理标志产品，深受国内消费者喜爱。县域内有红壤土 185 万多亩，黄壤土 92 万多亩，黄棕壤土 20 万亩。有水田面积 56.4 万亩，水域面积 10.55 万亩，中型水库 5 座，天湖水库 13 座，10 万立方米以下的塘库 1806 处，山塘水库总面积 4 万余亩。流域面积在 100 平方公里以上的河流 14 条，总长度 595.3 公里。流径 6 公里以上的河流 123 条，其中干流 1 条、一级支流 20 条、二级支流 55 条、三级支流 47 条，沿程共 2182 公里。全州禾花鱼的生产地域范围遍布全州镇、龙水镇、凤凰乡等 18 个乡镇。地处北纬 25° 29′ 36″ —26° 23′ 36″，东经 110° 37′ 45″ —111° 29′ 48″，属于低纬度中亚热带季风气候区，春、夏、秋、冬四季分明、高低温明显，昼夜温差大，水资源丰富，水质优良，多年平均降雨量 1474.5 毫米，年平均气温在 17℃以上，年均无霜期 299 天。

82. 全州禾花鱼产品质量安全是如何控制的？

为了确保全州禾花鱼产品的质量安全，全州县制定和推行了全州禾花鱼地理标志农产品质量控制技术规范，禾花鲤产品与品种质量标准，禾花鲤稻田养殖技术规范，地理标志农产品管理办法，建立了投入品监控平台和产品质量安全抽检制度。严格要求养殖农户、养殖企业按照标准、规范和办法开展稻田禾花鱼养殖和加工生产。各企业注册了企业和产品品牌，开通了电商平台、建立了产品质量追溯制度。

83. 全州禾花鱼产品推介活动有什么新路子？

通过线下体验＋线上销售，统筹结合创造出发展新路子。积极开展"农家乐＋禾花鱼捕捉"体验活动，每年到禾花鱼长成的季节，大批食客慕名而至，到田间体验捕捉禾花鱼的乐趣，食客们可以将捕捉到的禾花鱼交由当地农家乐烹饪品尝，也可支付相应的费用让所在的农家乐烘干邮寄。积极推行"互联网＋销售"模式，党员群众齐上阵，主动利用网上交易平台、微信公众号、微博、朋友圈等渠道，在线上推介禾花鱼干、禾花鱼罐头等禾花鱼特色加工产品，线上线下相结合，走出了一条可推广、可复制的特色产业脱贫道路。

84. 全州稻田养鱼有多少种新模式?

在全县范围推广稻田养鱼，经过多年的探索和研究，形成了传统养鱼、田头坑养鱼、田塘贯通养鱼、中华鳖养殖、小龙虾养殖、泥鳅养殖、旅游休闲养鱼和"稻－灯－鱼－菇"循环立体等 8 种生态种养新模式。

85. 全州稻田养殖禾花鱼有哪些科技支撑?

先后有上海海洋大学和广西水产技术推广站对全州稻田综合种养进行技术指导。桂林绿淼生态农业有限公司与广西壮族自治区水产科学研究院合作，合力研发《稻田养鱼高产高效技术》《稻田养鱼新技术》《稻田深沟养鱼技术开发》《垄稻沟鱼技术开发》等 7 项科研成果，被广泛应用于生产推广。

86. 组建全州稻田种养产业品牌联合体有何计划?

以全县 50 万亩水稻田为支撑点，大力发展高效优质的稻田禾花鱼、稻田泥鳅、稻田中华鳖、稻田田螺等生态名特优水产品养殖业。积极创建稻渔生态综合种养国家级示范区，自治区、市级现代农业核心示范区，全国稻渔综合种养示范县。整合原有的禾花鱼加工企业资源，将原有加工能力在 1000 吨以下的加工企业提升至加工能力达 2000 吨以上规模型龙头企业，充分提升企业的加工能力和市场竞争能力，顺利实现产品扩值增效的目的。

87. 建设全州禾花鱼中国特色农产品优势区有什么重要意义?

一是建设特优区利于优化农业结构布局，是推进农业供给侧结构性改革的需要；二是建设特优区是推进农业绿色发展的需要；三是建设特优区有利于促进农村一二三产业融合发展；四是建设特优区利于带动贫困地区农民增收和脱贫致富；五是建设特优区有利于顺应市场需求，提高农业竞争力。

88. 全州禾花鱼中国特色农产品优势区的规划范围？

本规划的范围为全州县全县范围。包括全州镇、龙水镇、凤凰乡、才湾镇、绍水镇、咸水镇、安和镇、大西江镇、黄沙河镇、庙头镇、文桥镇、石塘镇、两河镇、枧塘镇、永岁镇等 15 个镇；白宝乡以及蕉江瑶族乡、东山瑶族乡 3 个乡。总面积约 4021.19 平方公里。

第六章

全州禾花鱼的文化与旅游拓展

　　鱼文化是指在长期的历史发展中，人类赋予鱼以丰厚的文化蕴含，形成了一个独特的文化门类。从远古狩猎、采集时代起，鱼一直与人类密切相关，甚至成为人类赖以生存的食物之一。据有关文献记载，我国自殷商末年已有池塘养鱼的说法。但系统的文字记载，最早还是见于春秋时范蠡所写的一本《养鱼经》。早在上古时代，鱼已成为瑞应之一。《史记·周本记》上载有周王朝有鸟、鱼之瑞。人们在捕食鱼的过程中，还形成了种种与鱼有关的风俗。《诗经·陈风·衡门》云："岂其食鱼，必河之鲂？岂其取妻，必齐之姜？岂其食鱼，必河之鲤？岂其取妻，必宋之子？"以黄河的鲂、鲤喻宋、齐两地的女子，将食鱼与娶妻联系起来。这是因为鱼繁殖力强，生长迅速，象征着家族兴旺、人丁众多。这些都是中国鱼文化有据可查的历史记载。

　　在人类发展的漫长过程中，随着生产生活的需要，鱼文化的内涵也不断得到丰富。在我国，不同省份、不同地区、不同民族都流传有独特的鱼文化，对"鱼"的眷恋都有着不同的表达方式，但共同的意愿都是把有"鱼"作为美好生活的向往。查阅国内许多开展鱼文化研究的成果表明，鱼文化的内容主要包括渔业的渊源及其发展史；各个历史时期的渔船、渔具、渔法，养殖和加工的技术与方法；各地渔民的生活习惯、风土人情与习俗；有关鱼和渔民的故事传说、文学艺术作品；食鱼的技术和方法；渔业与宗教结合的衍生品，等等。为了突出全州禾花鱼农产品地理标志特色，本书所讲的鱼文化主要涉及全州禾花鱼养殖文化、全州禾花鱼干制作技艺和全州禾花鱼的饮食文化等这些与农产品地理标志比较紧密的内容。

第一节 全州禾花鱼养殖文化

　　全州从宋代始，基本上家家户户都有自己的鱼种田，头年选几条体短肚大的乌色母鲤鱼放养水塘中，第二年的清明节前后放进田里，每条母鲤配放几条乌色公鲤鱼，在水田四周放一些松枝，谷雨期间，鲤鱼产卵。过了一个半月，鱼苗长至半节小手指大后，正是中稻分蘖期，就将鱼苗分放于稻田中，约3个月后，在水稻成熟时排水收鱼，一般亩产30公斤左右。

全州禾花鱼常见收获方式

目前全州县稻田禾花鱼养殖大部分仍采用传统的平板式养殖和传统的农业耕作方式，即浅水灌溉、晒田，部分还在采取生石灰除水稻虫害，农家肥作水稻生产基肥，投喂少量农家米糠和家畜家禽粪、尿，水生浮萍等，这种模式占全县稻田禾花鱼养殖面积的80%。20世纪80年代以来，水产技术部门先后推广了简易的田头坑养殖、垄稻沟养殖、深沟立体养殖、田塘贯通立体养殖方式。这些模式既能种植水稻，又能增加鱼产量和经济作物的收入，一举三得。坑的比例一般占稻田总面积的10%，深度50—100厘米，鱼坑四周用水泥砖或者红砖硬化，靠插秧田面一侧硬化的最高面与田面齐平，便于禾花鱼出入稻田觅食等活动。在稻田中建造鱼坑这种生产方式占全县稻田禾花鱼养殖面积的20%。挖坑余土堆于田埂一侧既可用于种植经济作物又可为禾花鱼遮荫。

田头坑式稻田养殖禾花鱼模式

　　一般在水稻插秧 7 天以后开始放养规格 2—3 厘米的鱼种，亩放养 500—600 尾。采取这种方式开展稻田养殖禾花鱼，因为养殖密度低，加上在稻田这种特殊的生态环境里，养殖过程没有鱼病发生，所以全程不使用任何药物，产品质量好。

　　水稻品种一般都选择抗倒伏能力强，耐水耐肥的杂优水稻品种，水稻分蘖期浅水晒田 7—10 天，其他时间尽量保持较深水位。早稻收割时有条件的采取带水收割，以免稻田水体过浅过少，禾花鱼应激过大，影响生长或造成死亡。传统平板养殖方式的稻田收割时在田中一处或一角挖一鱼坑或鱼沟，便于禾花鱼度过晒田或收割期。水稻除虫治病一般都使用高效低毒农药，施用追肥一般采取分两天或分两半分开施放方式。每亩稻田年投入带稻草的农家肥 1000 公斤左右，米糠 50 公斤左右。稻田禾花鱼的收获时间在水稻收割前 15 天左右开始放水捕鱼，捕大留小，将达 40—50 克的禾花鱼收捕处理，其余的继续饲养直到达到商品规格。

收获禾花鱼情形

第二节　全州禾花鱼干制作技艺

全州县禾花鱼干制作技艺是全州人民千百年来世代相传的一种传统技艺。全州县稻田养殖禾花鱼始于东汉末年，至今已有 1700 余年，而作为贡品是在南宋初年，至今已有 800 余年。全州禾花鱼成为贡品，同时推动了县内禾花鱼的养殖与加工。如今，全州县禾花鱼养殖项目已多次获得农业农村部、广西壮族自治区农业农村厅、科委和水产局奖励。目前全州县已在龙水、绍水、才湾等乡（镇）发展禾花鱼生产基地，年外销禾花鱼 100 余万吨。全州现有多家腊禾花鱼、罐头禾花鱼等产品加工厂，禾花鱼已成为全州县地方特产的主要知名品牌和送礼佳品。

全州禾花鱼因采食落水禾花后上市，鱼肉具有禾花香味而得名。吃禾花长大的禾花鱼肉质细腻，骨软无腥味，味道鲜美，蛋白质含量高，黄焖、清煮、煎、蒸都十分好吃，而用鲜活的禾花鱼制成禾花鱼干（本地人称腊鱼仔），那味道更是妙不可言，其成品色黄油亮，闻之清香催人生津，食之酥而不腻，极好送饭（全州人称之为压饭菜）。全州禾花鱼具有丰富的营养价值、独特丰富的口感和悠久的饮食文化底蕴，是全州人最钟爱的一道家常菜肴、一款地方特色品牌。

禾花鱼干的传统制作工艺：

一、备料

1. 特制烘箱：木板制成长方形烘箱，箱底织粗铁线，铁线上放稻草。高约 1.5 厘米，宽 40—60 厘米，长 80—120 厘米。

2. 特制烤灶：青砖围成与烘箱大小一致，灶中放谷壳米糠厚约 1 厘米，分别堆放 3—5 堆火灰，让其慢慢燃烧。

3.配料：姜、茴香、精盐、酸水适量备用。

二、制作方法

1.在铁锅中加清水适量，水中加入姜块、精盐。

2.将禾花鱼去胆后放锅中用猛火煮至六成熟时，再放入新鲜的茴香叶及酸水（全州人家家都有的腌酸辣椒水，防鱼碎），并轻轻翻动鱼身，至九成熟时即可。

3.将鱼一条条整齐地轻放于木烘箱的稻草上（稻草厚薄以不漏鱼为准），然后放于烘灶上，鱼上铺上纸，烘箱上再加上竹织盖子，待火烟慢慢加强。烘烤时要经常检查火力，忌明火，待鱼底部烤干翻至另一边再熏烤，烤至全干滴油时即可，出箱时的鱼呈金黄色，如油炸过，成品须及时存入灰缸（全州人特制的缸、底部放刚出窑的石灰块，可保一年左右）或冰箱中保管，忌回润（回潮）发霉。

全州禾花鱼腊鱼干制作前腌制情形

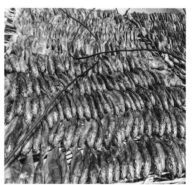
全州禾花鱼腊鱼干外观特征

全州禾花鱼腊鱼干制作过程图

待成品的全州禾花鱼腊鱼

三、食用方法

烘出的鱼干香脆如酥，可直接食用，也可用油稍炸，但一般吃时另煮，煮前用温水稍加浸泡，捞出去水，丢入锅中稍过油，加豆豉、酸辣椒、姜和适量清水（盖住鱼身即可）煮，汤呈米黄色时，加上蒜或葱、茴香、味精搅拌一下出锅——鱼色金黄，腊香满屋。让人见色闻香已生津，未曾入口早垂涎，堪称"岭南一绝"，别有一番风味。若将用温水稍加浸泡后的干鱼子佐以豆豉、辣椒粉、蒜米，在米饭煮开时放到饭上蒸，饭熟即可，蒸出的干鱼子其肉质细腻，鱼刺松软、味道浓厚。

传承谱系	禾花鱼养殖方法和禾花鱼制作简单易学，在全州各地家家会做，代代相传。在此以传承人唐海勇家族谱系说明。						
	姓名	性别	生年	学历	职业	传承方式	居住地	备注
	唐诚禄	男	1912		农民	家传	全州县安和镇大塘村	已故
	唐富贵	男	1948	小学	农民	家传		
	唐海勇	男	1970	大学	干部	家传		
	唐家辉	男	1985	高中	农民	家传		
代表性传承人	唐海勇家世代为农民，家乡家家户户都养禾花鱼，都会做禾花腊鱼仔，他从小耳濡目染，爱食腊鱼仔，跟父亲学习养殖禾花鱼，跟随母亲学习烘制禾花鱼。大学毕业后分配在县粮食局工作，1995年，他停薪留职下海创业，经多方市场考察，选择了禾花鱼加工，采用传统加工禾花鱼技艺，先从小作坊做起，不断发展壮大，2000年在才湾镇秦家塘建起了全州县清淳禾花鱼罐头制品厂，创下"田里头"禾花鱼系列产品，于2004年荣获中国桂林旅游美食文化博览会金奖。现已有工人20多名，年产禾花鱼产品数万斤。							

地理标志产品展销店图

全州县清淳禾花鱼罐头制品厂的禾花鱼产品

第三节　全州禾花鱼的饮食文化

全州县有关禾花鱼的菜品可谓丰富多彩，禾花鱼吃法多种多样。不同的乡（镇）也有着传承久远的地方特色烹饪方法，但调味的共同点都是以酸辣为主。

在全州关于禾花鱼菜品的做法常见有：

一、清炖禾花鱼

清炖禾花鱼

1.用料：全州禾花鱼 12 条，姜丝 10 克，独蒜 12 个，葱花 5 克，藿香碎 10 克，青红椒丝 10 克，豆豉 8 克，盐、味精适量。

2.制作步骤：

（1）将鱼购回后清水静养 1—2 天，以吐尽肚中泥沙备用，并将其他的原料洗净，作相应的刀工处理。

（2）活的禾花鱼去胆：用牙签或大号针在鱼身右侧离鱼鳃1厘米处戳一小孔，用力一挤即出。

（3）将挤去苦胆的鲤鱼直接放入冷水锅中，加盖用大火烧开，加入盐、姜丝、独蒜、豆豉，转中火炖制20—30分钟，待其汤色乳白，鱼体熟透，加青红椒丝、味精、藿香碎、葱花，再烧煮一下即可出锅。注意先不放油，放油就不鲜了；一开就行，久炖就会烂，出锅前放一小勺花生油。

（4）出锅后，上桌前在煮好的鱼上撒一些紫苏（最好放海椒茴香）、大蒜做香料，此时香气四溢，使人食欲横生。吃起来鲜味无穷，鲜、肥、香、嫩。

特点：汤汁乳白，富含胶质，鱼肉鲜香细嫩，藿香味浓。注意事项：一是静养的时间要足够，以便吐尽泥沙；二是挤苦胆时要倍加小心，若弄破应马上用水冲洗，以免使整锅鱼浸入鱼胆苦味；三是烧开之前，切勿翻动，否则易把鱼弄碎；四是炖制时间要恰到好处，太久，食用时不成形；时间不够，鱼鳞中的胶质溢不出。

二、香煎全州禾花鱼

1.食材：全州禾花鱼500克，料酒20克，生姜40克，面粉10克，食盐10克，五香粉5克，葱花20克，椒盐10克。

2.制作方法：

（1）禾花鱼去除鱼鳃、内脏，并清洗干净。

（2）腌制：切姜，加料酒、淀粉、食盐、五香粉，把鱼放入其中搅拌均匀，腌制10—15分钟。期间拿筷子翻动几下。

（3）起锅热油。先把油加热，然后改小火，转动锅，让锅面大部分都有油。

（4）用手把腌制好的鱼和姜抓起，将鱼沿着锅边缘滑入中心，放满锅后加大一点火力。不要着急用锅铲翻动，可以移动锅的受热面，让油流动到每一个地方。

（5）大约 5 分钟后，可以用锅铲整片翻过来，部分在边缘没炸好的，可以移动到中间继续煎。重复上述的部分，直到两面煎成金黄色即可出锅。

注意事项：从鱼的肛门处用剪刀插入鱼腹部并向鱼的头部方向剪破鱼的腹部，取出鱼肠，注意不要弄破鱼胆，取出鱼鳃，清水冲洗干净即可。

三、麻辣禾花鱼

1. 主料：禾花鱼 650 克，芦笋 200 克，干辣椒 7 根。

2. 辅料：豆瓣酱 15 克，酱油 10 克，蚝油 10 克，料酒 5 克，八角 1 个，花椒 4 克，姜片 4 片。

3. 制作方法：

（1）禾花鱼去掉内脏洗净沥干水备用；干辣椒剪段用温水泡备用；芦笋去掉尾部一段笋皮，洗净斜切段焯水后捞出备用。

（2）中火热锅，放入适量油，冒热气后放入沥干水的禾花鱼，转中小火一面煎 2 分钟左右，翻面再煎 2 分钟，直到鱼身变金黄出锅备用。

（3）热锅放入适量油，放入八角，花椒和姜片爆香，放入豆瓣酱翻炒出红油，倒入酱油和蚝油翻炒均匀后倒入辣椒，盖住锅盖煮开。

（4）倒入煎好的禾花鱼，汤汁淹没禾花鱼，如果汁水不够就多加些水，盖住锅盖焖 3 分钟，然后倒入芦笋翻炒均匀后即可出锅。

四、油炸腊禾花鱼

油炸腊禾花鱼

1. 用料：全州禾花鱼腊鱼 10 尾，花生油 0.5 公斤。

2. 制作步骤：

（1）放油入锅，待油温热时放入腊鱼炸熟出锅。

（2）装盘：将炸熟的腊鱼拼盘，然后将姜丝、葱段撒在腊鱼上面即可。盘底可放入生菜配色。

特点：香脆可口、配酒佳肴。

五、酸煮腊禾花鱼

酸煮腊禾花鱼

1.用料：全州禾花鱼腊鱼10尾，酸豆角（酸萝卜）、酸辣椒各50克，姜10克，蒜粒10片，葱花5克，茴香、盐、味精、酱油、香油适量。

2.制作步骤：

（1）放油入锅，放入姜末、蒜蓉、切好的酸辣椒翻炒一下出香味，将腊鱼子倒入锅中，放入适量酱油，加水焖10分钟。

（2）加入酸豆角或酸萝卜继续焖至酥烂时，放入少许味精、葱段、茴香，淋上香油翻炒几下，最后淋上尾油即可食用。

特点：颜色金亮，香辣爽脆。

六、串烧禾花鱼

1.用料：体重50—100克的全州禾花鱼，10尾，油4斤，酱油、醋、盐、味精、姜茸、香油适量。

串烧禾花鱼

2.制作步骤：

（1）将禾花鱼杀洗干净（去内脏）。

（2）将杀好的禾花鱼装入碗中，加入少量盐、酱油、醋、味精、香油、腌味10—15分钟。

（3）锅中烧油，油温热时，将禾花鱼下锅炸至金黄捞出淋干油，装入碟中，即可食用。

特点：色泽金黄，外香里嫩。

七、红烧酸辣鱼

1. 用料：体重50—70克的全州禾花鱼，50尾，生姜150克，猪油150克，酸辣椒250克，豆豉25克，茴香20克，葱花50克。

2. 制作步骤：

（1）将鱼购回后清水静养1—2天，以吐尽肚中的泥沙备用，并将其他的原料洗净，作相应的刀工处理。

红烧酸辣鱼

（2）活的禾花鱼去胆：用牙签或大号针在鱼身右侧离鱼鳃1厘米处戳一小孔，用力一挤即出。

（3）把锅洗净干水，加油，待油热后将鱼放入锅中用文火煎，煎至两面金黄色。

（4）加入生姜、酸辣椒、盐、豆豉，冷水焖20分钟后加入茴香、葱花即可。

特点：酸辣椒的香辣味融入禾花鱼肉中，回味无穷。

八、黄焖禾花鱼

1.用料：体重50—70克的全州禾花鱼，10尾，酸笋3两，青椒1两，葱花、茴香、盐、味精、蚝油、酱油、醋、香油、姜末、蒜蓉、油适量。

2.制作步骤：

（1）将禾花鱼洗干净，去内脏，装入碗中，放少量盐、醋、味精、酱油，腌8—12分钟，下油稍煎至金黄捞出装入碟中。

（2）放油入锅，加姜末、蒜蓉入香味，倒进禾花鱼，放少量酱油、蚝油、盐，翻炒、放水焖5分钟（小火）。

（3）加酸笋继续焖，放醋少量，焖至合适时，放青椒，加入少许味精、葱段、茴香、香油（一定要留少量汤汁）翻炒几下，淋入尾油即上碟食用。

黄焖禾花鱼

九、竹编禾花鱼

1.用料：体重50—70克的全州禾花鱼，10尾，油4斤，酱油、醋、盐、味精、姜茸、香油、葱花、茴香、辣椒适量。

2.制作步骤：

（1）将禾花鱼杀洗干净（去内脏），再将鱼切开分成鱼头、鱼身、鱼尾三段。

（2）将切好鱼装入碗中，加入少量盐、酱油、醋、味精、香油、腌10—15分钟。

竹编禾花鱼

（3）锅中烧油，油温热时，将切好的禾花鱼下锅炸至微黄，加入辣椒、葱花、茴香一起炸至金黄捞出淋干油，装入带竹编的碟中即可食用。

特点：色泽金黄，里外酥脆。

十、青椒禾花鱼

1.用料：体重50—70克的全州禾花鱼，50尾，生姜20克，豆豉10克，时令青椒250克，茴香、盐适量。

2.制作方法：

（1）将鱼购回后清水静养1—2天，以吐尽肚中的泥沙备用，并将其他的原料洗净，作相应的刀工处理。

（2）活的禾花鱼去胆：用牙签或大号针在鱼身右侧离鱼鳃1厘米处戳一小孔，用力一挤即出。

（3）将挤去苦胆的鲤鱼直接放入冷水锅中，并将生姜、豆豉放入锅中，加盖用大火烧开，转中火煮至鱼鳞散开，汤色呈现乳白色后加入适量的油、盐，再煮5分钟，放入青椒，微煮一下即可食用。

青椒禾花鱼

十一、石锅禾花鱼

1.用料：体重50—70克的全州禾花鱼10尾，酸笋3两，辣椒1两，以及葱花、茴香、盐、味精、蚝油、酱油、醋、香油、姜末、蒜蓉、油适量。

2.制作步骤：

（1）将禾花鱼洗干净，去内脏，装入碗中，放少量盐、醋、味精、酱油、腌8—12分钟，先用铁锅下油稍煎至金黄捞出放入碟中。

（2）将石锅入底油，加姜末、蒜蓉入香味，倒进禾花鱼，放少量酱油、蚝油、盐，翻炒、放水焖5分钟（小火）。

（3）加酸笋继续焖，放醋少量，焖至合适时，放辣椒，加入少许味精、葱段、茴香、香油（一定要留少量汤汁）翻炒几下，淋入尾油即可食用。

石锅禾花鱼

十二、原味禾花鱼

1.用料：体重50—70克的全州禾花鱼10尾，生姜10克，豆豉10克，油盐适量。

2.制作方法：

（1）将鱼购回后清水静养1—2天，以吐尽肚中泥沙备用，并将其他的原料洗净，作相应的刀工处理。

（2）活的禾花鱼去胆：用牙签或大号针在鱼身右侧离鱼鳃1厘米处戳一小孔，用力一挤即出。

（3）将挤去苦胆的禾花鱼直接放入冷水锅中，并将生姜、豆豉放入锅中，加盖用大火烧开，转中火煮至鱼鳞散开，汤色呈现乳白色后加入适量的油、盐，再煮5分钟后即可食用。

原味禾花鱼

十三、家常禾花鱼的做法

1.用料：禾花鱼 500 克，葱花适量，生姜两厚片，蒜米两颗，青椒一个，番茄半个，盐适量，白糖适量，酱油适量。

2.制作方法：

（1）禾花鱼去鳃去内脏，清洗干净备用。

（2）半个番茄切成月牙片，青椒滚刀切好，蒜米生姜拍一拍，葱花切段。

（3）比平时炒菜多放一些油，确保热锅热油，调中火偏小，再放鱼。热锅热油能保证煎鱼的时候不会粘锅。

（4）把鱼从锅边轻滑进油里，避免油飞溅伤手。每条鱼排列好后，用中火偏小煎鱼，不断转动锅子，保证鱼都被煎到，如果担心煎鱼会粘锅，可以在放鱼的同时稍稍晃动锅子，这样鱼就不会粘锅。

（5）上个步骤保持 5 分钟左右，尽量不去动鱼只动锅。将鱼煎成一面金黄色就可以翻面了。翻面的过程不要慌忙，可以先检查一条鱼是否达到你想要的金黄色了再翻面，翻面后煎一会儿，让另外一面也变成金黄色，然后放入姜片、蒜米、青椒、番茄，加入一小勺盐、半勺白糖。

（6）加入一汤匙酱油，加水，差不多没过鱼的3/4，然后盖锅，调大火煮。汤汁收掉一半的时候，轻轻把鱼翻面，然后放上葱花，将汤汁收掉一些就可以出锅了。

注意事项：做家常禾花鱼的重点就是煎鱼，整个过程特别是煎鱼的时候，尽量不要翻动，以免破坏了鱼的完整。放白糖是关键，可提鲜去腥。

第四节　全州禾花鱼特色产业与旅游文化融合发展

全州禾花鱼产业作为全州县特色经济产业占据着全州经济的重要位置，是全州县乡村产业振兴的重头戏。如何把全州禾花鱼产业这一特色经济与旅游文化融合发展，全州县人民在各级党委、政府的正确领导下，全县18个乡（镇）都纷纷开创出适合当地发展的新模式。如，全州县才湾镇南一村"红+绿"旅游产业模式就是杰出代表。

才湾镇是全州禾花鱼的主产区，这里家家户户都有稻田养殖禾花鱼的传统习惯，毫无疑问稻渔产业正是才湾镇著名的特色产业。该镇的南一村有党支部1个，下辖14个党小组，共有党员108名，支部委员会成员5人。南一村高度重视党建工作，积极贯彻上级党组织关于党建工作的部署要求，结合实际解决突出问题，拖动基层党建工作创新，以党建工作带动其他各方面工作开展。近年来，村支部紧紧围绕"旅游兴村"战略目标，进一步挖掘红色旅游资源和生态旅游资源，以此带动壮大村级集体经济，助推乡村振兴工作，推动全村旅游业与红色文化、乡风民俗、稻渔特色产业、生态美景相融合，创出了"红+绿"旅游产业发展路子，实现旅游发展，群众增收的良好发展局面。

才湾镇稻渔文化活动

中国农民丰收节稻田抓鱼比赛

南一村地处湘桂走廊北段，村西是巍峨连绵的越城岭山脉，东面湘江绕村而过。南一村隶属桂林市全州县才湾镇，距桂林、永州市分别是 110 公里和 90 公里，距 G72 高速公路路口和全州南站仅 7 公里和 10 公里，322 国道横亘而过，交通极为便利。南一村绿水青山、风光秀丽，村内的米花山、大王山、毛竹山、胡家山等原生态林地占整个土地面积的 67.5%，山上覆盖着茂密的松林、毛竹等竹木丛林，其气候温和，雨量充沛，区位优势明显，这里是开展美丽乡村休闲活动、一二三产业融合发展的理想之地。

南一村辖 24 个自然村，31 个村民小组，1237 户，农业人口 4378 人，其中建档立卡贫困户 58 户 203 人，已脱贫户 30 户 109 人。南一村建有党支部 1 个，下设 14 个党小组，中共党员 107 名。南一村于 2017 年被评为"全国文明村镇"。

全村水田面积 3046 亩、旱地 1500 亩、林地 13560 亩。农业主要以提子、葡萄、柑橘、优质水稻、禾花鱼等产业为主，其中葡萄种植面积 1890 亩、柑橘 2200 亩、优质富硒水稻 1200 亩。

加工业主要以米粉、大米加工为主，其中"米兰香"和"聚鑫"米粉品牌闻名全国，加工基地年加工米粉 2.5 万吨。

近年来，南一村广大村民在村"两委"班子的坚强领导下，通过招商引资，充分利用南一村特色资源优势并结合其乡土文化，打造了红军长征湘江战役纪念园、毛竹山 1000 亩葡萄采摘体验园、珠塘铺垂钓休闲村、米粉加工观光园区、大地里古村观光等旅游基地，在开展以红色旅游、乡村稻渔农耕体验、果园采摘等乡村旅游文化活动中，有力推进了南一村农业产业转型升级、一二三产业融合发展，为广大村民不断增收，为贫困户脱贫致富奠定了坚实的产业基础，同时带动了全镇、全县乡村旅游产业，特别是天湖湿地公园旅游发展。

在红色旅游方面：为开展爱国主义教育，弘扬伟大的长征精神，激励中国人民在习近平新时代中国特色社会主义思想指引下，为实现中华民族伟大复兴中国梦而努力奋斗，经中央主要领导批示，由中宣部主管的红军长征湘江战役纪念园国家级重大项目于 2018 年 6 月在南一村脚山铺破土动工，经过建设者一年多的奋战，该项目于 2019 年国庆节胜利竣工，向新中国成立 70 周年献上一份厚礼。红军长征湘江战役纪念园建设项目占地面积 1000 多亩，工程建设总投资为 18 亿元，基地内容包括红军军事博物馆、湘江战役阵亡红军将士纪念地——"一草一木一忠魂"、大型广场、当年战役遗留下来的战壕、渡口古村遗址等。红军长征湘江战役纪念园可年接纳游客 36 万人次，有力地推动南一村乃至整个全州旅游产业的发展。

在"1000 亩葡萄采摘体验园"建设方面：毛竹山从 2002 年就开始种植提子、葡萄，至今面积已达 1200 多亩，毛竹山所产的提子、葡萄以品优、果美而深受消费者的青睐，产品获得了全国 2012 年早、中熟葡萄质量评比金奖，2012 年，才湾镇首届提子葡萄节在毛竹山成功举办，推动了毛竹山村现代农业的步伐。广大村民通过几年的努力，把原来以种植葡萄为主的单一产业，转型为以葡萄产业化为主结合乡村旅游，形成了毛竹山一二三产业融合发展的产业新格局，提高了毛竹山葡萄产业综合效益，确保和造就了今天毛竹山产业发展、村民富裕、乡风文明、生态宜住的农村新气象，使毛竹山成了名副其实新农村，由此该村获得了"自治区文明村""桂林十佳魅力新农村"和自治区人民政府认定的提子葡萄种植现代特色农业示范区的美誉。

在"珠塘铺垂钓休闲村"建设方面：珠塘铺村在 322 国道边，其村特色资源为 220 亩池塘。近年来，珠塘铺村民通过引入财政资金，开展村容村貌整治，进行了房屋立面改造和池塘美化建设，使自然村面貌焕然一新，220 亩池塘水清见底，鱼群喜游，荷花飘香，身处塘中凉亭或倚于花桥护栏上进行垂钓，这是垂钓爱好者喜欢去的地方。

葡萄产业园

在"大地里古村观光"方面：大地里是一个古村落，村民清一色姓王，村中完整地保留了王家祖上在明朝时期建的住宅及公堂。该建筑群总面积为 22 亩，以木质结构为主，庭院墙壁上留下了众多历史上文人墨客的墨宝。大地里具有典型的古村风貌。

古村落风貌

在"稻田综合种养示范区建设"方面：

其他各乡（镇）的发展也与才湾镇一样，大力推进"特色产业 +旅游"的深度融合经济发展新模式，与稻渔密切相关的休闲农业的新发展模式正在全州县乡村振兴的大道上大踏步前进。据全州县农业农村局统计，2018 年全州县休闲农业投资总额 35290 万元，休闲农业政府扶持资金总额 1688.3 万元，休闲农业营业收入 6331 万元，其中，农副产品销售收入 3020.9 万元，休闲农业经营利润总额933.4 万元，接待人次 103.73 万人次，带动农户数 1298 户，休闲农业从业人员人均工资额 2.54 万元。2019 年全州县休闲农业投资总额 37146 万元，休闲农业政府扶持资金总额 3581.3 万元，休闲农业营业收入 6894.75 万元，其中，农副产品销售收入 3172.75 万元，休闲农业经营利润总额 1135.95 万元，接待人次 119.51 万人次，带动农户数 1486 户，休闲农业从业人员人均工资额 2.8 万元。两年的数字对比，可看出全州县休闲农业的发展势头明显加快。

全州休闲农业示范点

进入新时代，全州各地正在县委、县政府的统一部署下，紧紧抓住红军长征湘江战役纪念园建设的战略机遇，以桂林国际旅游胜地建设及桂北红色旅游圈建设为契机，结合全州自然资源优势、特色经济资源与历史文化背景进行综合规划，谋划发展新思路，确定"特色产业＋红色旅游大融合大发展"的新目标，以红色旅游为引擎，带动特色经济齐头并进，全力创建广西全域旅游示范区的新样板。具体做法如下：

一、以"红色旅游开发建设为全州旅游新引领，全力推进"红＋绿＋古"三色旅游大融合大发展。全州作为湘江战役主战场、红七军转战之地、桂北游击队征战之所及抗日战争时期广西抗战前哨，红色资源十分丰富，发展红色旅大有可为，近期红军长征湘江战役纪念馆及纪念林成功建设并对外开放，迅速引爆广西区内外旅游市场，要借势用势、科学合理、高标准、高品位开发好全州红色旅游，同时，要重视全州已有的独具特色的"绿色产业""古色"旅游资源，全力推进"红＋绿""红＋古""红＋绿＋古"旅游融合发展，实现全州旅游新突破。

禾花鱼产业＋旅游

二、以红色旅游项目为支撑，夯实全州红色旅游发展基础。一是进一步完善红军长征湘江战役纪念园服务管理设施，丰富其旅游业态，提升其旅游品质，努力创建国家 5A 级旅游景区。二是要以纪念园为中心，大力开发古岭头红色景区、红七军纪念园文塘纪念园以及凤凰嘴、大坪渡、屏山渡等纪念点，逐步构建由点到线、到面的红色旅游发展大格局。三是全力启动"湘江战役红色实景演艺"项目，做好项目相关前期工作，通过合作方式引进实力雄厚的文旅企业，将该项目打造成享誉全国的红色旅游品牌。四是全力启动"红色培训"项目，结合全州县爱国主义教育基地的建设，精心策划、认真组织、科学实施、高标准、高质量、大特色做好红色培训项目，在条件不具备的情况下，可与党校合作开办红培课程，在条件具备时，应新建大型的、综合性的、四星级宾馆式的、园林式的、文化特征凸显的专业性、技术性强的红色培训基地。五是全力启动红色旅游公共服务项目，建设好红色旅游集散中心、旅游咨询中心、旅游驿站、红色步道、旅游厕所、生态停车场、旅游标识标牌、汽车营地、野外宿营地等服务设施建设。六是全力启动红色文化产业园建设，努力将红色资源变为旅游资源进而变为经济资源，按照"大众创新、万众创业"的思路，积极推进红色动漫、红色演艺、红色绘画、红色书法、红色书籍、红色电影、红色美食、红色雕塑、红色刺绣及其他形式多样的红色土特产品、手工艺品与文化纪念品的开发。七是全力启动"红＋绿＋古"融合发展项目，要全力做好红色旅游与绿色古色旅游融合发展工作，主要做好红色与天湖、大碧头、湘山湘源、龙井村、炎井温泉、湘山酒业等景区景点的融合发展，积极引导红色旅游与农家乐旅游和农耕技术体验及其他类型的稻田文化乡村旅游融合发展。八是全力启动全州红色旅游交通网建设，彻底解决"最后一公里"通道问题，提升改造红色旅游通道基础设施。

捉鱼比赛

三、以政策环境为保障，全力推进红色旅游和谐发展，制定并实施红色旅游开发建设激励措施，做好土地保障、信贷金融保障及政务环境与社会环境保障，为红色旅游项目的实施及社会参与红色旅游开发保驾护航。

四、以"高技术　大宣传"为抓手，全力提升全州红色旅游便捷度与知名度，积极筹建全州红色旅游大数据中心、研发红色旅游软件，建设红色旅游网站、红色微博、红色微信、红色公众号，确保红色网络信息全县域覆盖，实现"一部手机游全州"。要积极参加县外、市外、区外各类旅游的展览会，借助县外各类媒体平台大力宣传全州，并举办各种有特色有创意的文化旅游节、农民丰收节及红色纪念活动，为红色宣传助力。

2022年全州县庆祝农民丰收节活动现场

　　五、"十四五"期间，通过大开发、大投入、大建设、大创建、大宣传，努力建设全国爱国主义教育基地县、红军长征精神培训示范县，全州实现旅游业新突破、新跨越、新腾飞。

禾花鱼生态养殖技术培训班

举办地理标志产品绿色食品培训班

第七章

全州禾花鱼农产品地理标志保护意义与发展对策

第一节　全州禾花鱼农产品地理标志保护意义

农产品地理标志是我国传统农业长期以来形成的历史文化遗产和地域生态优势品牌，既是农产品产地标志，也是特色农产品品牌标志，发展农产品地理标志是推进优势特色农业发展的重要途径和有效措施。

全州禾花鱼农产品地理标志，是全州县传统养殖业长期以来形成的历史文化遗产和地域生态优势品牌，既是知名的养殖产品产地标志，也是重要的养殖产品质量标志，是养殖产品质量安全工作的重要抓手和载体，是推进优势特色养殖业产业发展的重要途径和措施。对全州禾花鱼农产品地理标志实施登记和保护，是顺应形势发展要求，广泛推介宣传全州优质农产品，提升产品品牌效应，全面提升水产品质量、促进禾花鱼产业发展壮大的一项重要举措，更是开辟全州禾花鱼广阔市场前景的一次实际行动，不仅对提升全州县特色养殖产品品质、创立养殖产品区位品牌和扩大产品贸易十分重要，而且对促进全州县养殖业区域经济发展、带动农业增效和农民增收作用巨大。因此，全州禾花鱼获得农产品地理标志登记保护对促进全州县禾花鱼产业的快速发展和进一步规范全州禾花鱼特色产品市场的竞争秩序等具有重大意义。

第二节　全州禾花鱼农产品地理标志发展对策

　　进入新时代，农业农村部关于地理标志农产品保护，提出要支持区域特色品种繁育基地和核心生产基地建设，改善生产及配套仓储保鲜设施设备条件。健全生产技术标准推广体系，强化产品质量控制和特色品质保持技术集成，推动全产业链标准化生产。挖掘和展示传统农耕文化，讲好地标历史故事，强化产品宣传推介，叫响区域特色品牌。支持利用信息化技术，实施产品可追溯管理，推动地理标志农产品身份化、标识化和数字化，进一步推进地理标志农产品保护与发展。

　　地理标志农产品如何保护？如何发展做强做大？我们在开展地理标志农产品保护与发展的各项工作中要严格做到以习近平新时代中国特色社会主义思想为指导，贯彻落实好习近平总书记视察广西时的重要讲话和重要指示精神，严格按照农业农村部提出的"新三品一标"（品种培优、品质提升、品牌打造、标准化生产）的要求，实现地理标志农产品绿色高质量发展。

　　一是关于全州禾花鱼的品种培优：一要按照全州禾花鱼农产品地理标志质量控制技术规范载明的全州禾花鱼的典型特征特性作为标准来挑选繁殖用的亲本，"全州禾花鱼体短，腹大，头小，背部及体侧呈金黄色或青黄色，鳃盖透明紫褐、腹部紫褐色皮薄，半透明隐约可见内脏，全身色彩亮丽，性情温和"；二要按照水产苗种提纯复壮的遗传育种技术规程来繁殖、培育苗种；三要建立健全全州禾花鱼良种繁育体系（建设本土化的全州禾花鱼原种场、良种场和繁殖场等）。将全州禾花鱼独特的品种特征保护好、固定好，代代相传。

二是关于全州禾花鱼品质提升（品质保持）：一要严格按全州禾花鱼农产品地理标志质量控制技术规范载明的生产环境条件来建设养殖场地开展生产养殖，"全州县稻田禾花鱼养殖大部分仍采用传统的平板式养殖和传统的农业耕作方式，即浅水灌溉、晒田，部分还在采取生石灰除水稻虫害，农家肥作水稻生产基肥，投喂少量农家米糠和家畜家禽粪、尿，水生漂萍等肥饲料，这种模式占全县稻田禾花鱼养殖面积的80％"；二要严格控制生产投入品的使用，苗种必须是来自于本地生产，药物使用必须符合《无公害食品 渔用药物使用准则》的规定，不投喂配合饲料或少投喂配合饲料，确保鱼是靠吃禾花和田中的小虫及其他有机物生长的；三要加强农产品地理标志的授权使用管理，严防外来小型鲤鱼冒充全州禾花鱼。将全州禾花鱼的特色优势变成知名品牌的特色经济，为乡村振兴提供支撑。

三是关于全州禾花鱼品牌打造：一要举全县之力培育全州禾花鱼农产品地理标志公共品牌，通过核心企业带动，精心设计产品包装，加贴农产品地理标志上市；二要利用各种媒体大力宣传全州禾花鱼农产品地理标志，包括全州禾花鱼品质特征、农耕技术、饮食文化、故事传说，等等；三要积极参加各种展示展销推介活动；四要大力研发全州禾花鱼休闲食品以及与之相关的旅游工艺品；五要建设全州禾花鱼农产品地理标志展示馆，系统性地用生动的载体讲好全州禾花鱼的故事。将全州禾花鱼打造成响当当的区域公共品牌，"到全州吃禾花鱼"成为游客的首选，增强品牌的影响力和感召力。

全州禾花鱼展示展销

四是关于全州禾花鱼标准化生产：一要严格按照全州禾花鱼农产品地理标志质量控制技术规范组织生产；二要严格执行无公害食品生产相关的标准管理生产；三要组织企业按照绿色食品相关标准生产高品质的禾花鱼产品，积极申报绿色食品认证。将全州禾花鱼的独特品质通过标准化固定和向世人展示，赢得好口碑，从而提高全州禾花鱼品牌的公信力。

全州禾花鱼绿色食品认证

全州禾花鱼绿色食品证书（475吨）

全州禾花鱼绿色食品证书（480吨）

全州禾花鱼绿色食品证书（300吨）

家多福公司香米绿色食品证书（630吨）

　　五是注重环境保护：好环境产出好品质。全州禾花鱼产于全州的稻田里。我们必须保护好全县的稻田环境。一要搞好稻田工程，严防垃圾污染稻田，确保稻田环境整洁；二要整治好稻田的良好风貌，开展稻田艺术创作，提升乡村风貌；三要积极推广使用有机肥和低毒农药，减少化肥和农药的使用；四要提倡稻草等农业残余物的资源化利用，鼓励秸秆经发酵处理后还田，保持稻田耕作层土壤的肥力。使"好环境产出好品质"不仅仅是句口号，而是体现在优质的耕地资源环境上，这是地理标志农产品品质的根本保证。

全州禾花鱼稻田艺术

　　在具体的谋划上要把握好以下几点：
　　一是发展思路要新。
　　结合全州县稻田养殖禾花鱼的实际为确保农民养鱼持续增收，为巩固脱贫攻坚成果，推动乡村全面振兴打下坚实基础这个新时代发展的总体思路，加大全州禾花鱼提纯复壮工作力度，做大做强全州禾花鱼苗种繁育体系，按标准提纯出正宗的"宫廷贡品"禾花鱼；

加大高标准农田建设，大规模推动稻田养殖禾花鱼绿色高质量发展，培育壮大龙头企业，按品牌化、标准化进一步推动全州禾花鱼精深加工产业发展，拓展产品远销国内外；引导农民充分利用现有水田资源积极自动参与并融入到当地龙头企业的规模化标准化发展稻田养殖禾花鱼的产业当中，共同为当地现代化农业生产转型升级谋划好、发展好，一起实现社会和自身的美好向往。

中央电视台采访禾花鱼产品展示展销

二是注重培训本土人才。

要开创全州县稻田养殖禾花鱼的新局面，一靠政策，二靠科学。科学的关键是人才培养，特别是本土人才的培养。一要通过专题讲座、现场讲解、示范服务、带动参与等方式，向当地农技人员、青年农民、致富能手传授技术知识，帮带一批懂技术、会经营、善管理的产业发展带头人和高素质农民；二要挑选一批有培养潜力的基层农技人员，通过"一对一""一对多"结对帮带，着力培养一批留得住、用得上、干得好的本地技术骨干人才。目前全州县水产技术人才的数量与实现渔业现代化的要求很不相称。因此必须要采取多种方式通过各种渠道加快本土人才的培训与提高。对现有的水产技术人员要提高他们的业务水平采取轮流学的方法，工程师干部轮流到上级推广部门和大专院校进修，一般技术员由县畜牧水产局负责培训，乡（镇）技术员由科教站培训，考核合格的发给技术合格上岗证。另外，还要对广大农村以重点户、专业户及爱好水产技术的青年为主要对象开展科学养鱼及鱼病防治的培训。为了使乡（镇）及村委管农业的干部懂得水产技术便于领导渔业生产，县政府应从地方财政中拿出适当的经费，用于他们的培训。

全州禾花鱼农产品地理标志登记保护培训

三是技术服务要精准到位。

建立科技人员包乡联村机制，深入养殖园区、示范基地开展技术指导，要让禾花鱼养殖户人人都能掌握稻田科学养殖禾花鱼技术和提纯复壮要点。加大力度培训当地农业技术骨干，用稻田科学养殖禾花鱼技术要点武装头脑，使技术骨干成为行家里手，再由他们去对接家庭农场、种养大户、农民专业合作社等新型经营主体，开展全程精准指导服务。充分发挥各级水产技术推广机构的运行优势，通过"中国农技推广""科技特派员信息服务"等现代信息技术平台，在线开展问题解答、咨询指导、技术普及等。

全州禾花鱼绿色食品生产技术培训班

四是发挥龙头企业带动作用，做大做强稻渔产业规模。

在全县要扩大稻田养殖禾花鱼的规模。首先要突出重点：以桂黄公路沿线的咸水、绍水、才湾、龙水4个乡（镇）为重点建立亩产100公斤禾花鱼的千亩连片稻田工程化养殖核心示范点区；全县建成10万亩亩产50公斤禾花鱼的面上示范带。其次是全面推开：2003年以后全县每年达到稻田养殖禾花鱼45万亩，其中亩产100公斤禾花鱼的稻田工程化养殖面积20000亩，亩产50公斤禾花鱼的示范田10万亩，其余均要求达到亩产30公斤，全县18个乡（镇）年总产禾花鱼1.2万吨以上，产值2亿元，人均收入250元，进一步把全州禾花鱼特色优势区做大做强，力争成为国家级稻田养殖禾花鱼基地县。

五是加大财政支持促进全县平衡发展。

要争取政府各部门支持多方筹措资金增加稻田养殖禾花鱼的投入。首先要争取县政府和各部门的高度重视，把投入指标分解到有关单位和各乡（镇）并将投入的硬指标列入县双文明建设年终考评岗位责任制，以确保投入到位。其次，县政府每年要拨出不低于1000万元的专项经费，撬动社会资本投入，辅以争取上级项目经费，用来开辟高科技稻田养殖禾花鱼示范点和扶持边、山、穷技术资金薄弱的地方，以点带面，点面结合，以获得大面积丰收，确保全县平衡发展。

财政支持建设的病虫害防治示范基地

六是服务要全。

要做好稻田养殖禾花鱼的产前、产中、产后服务。首先要在大力支持提纯复壮禾花鱼苗种的生产，保证苗种需求的同时有针对性地对禾花鱼苗种生产场进行资金扶持和技术指导，确保苗种的质量。其次，要通过各乡（镇）的水产技术服务部组织饲料、鱼药等供应群众。再次，要着力培植各类流通主体，积极发展销售龙头企业、专业协会、经销大户、经纪人、乡村合作组织等流通中介，组织大力扶持、培植一批有经营头脑、开拓性强的水产经纪人和水产专业营销队伍，积极联系各地客商、组织禾花鱼产品供应各地市场。同时要扶持禾花鱼加工厂，扩大、新建禾花鱼加工场所，加工熏制干品禾花鱼供应市场，为群众解决养殖的后顾之忧。

七是品牌要响。

要充分发挥"经师傅""海洋坪""李哥哥""禾花忆"和"戍桂牌"禾花鱼品牌作用，在提高产品质量的基础上，加大对禾花鱼这些"品牌"的培育和宣传力度，搞好提纯推广和加工流通，构筑"品牌"发展平台，使昔日的"贡品"再现辉煌。

禾花忆商标

戍桂牌商标

经师傅商标

海洋坪商标

第八章
全州禾花鱼产业发展群英谱

全州禾花鱼

　　进入新时代，随着农业农村改革深入推进，全州禾花鱼产业化焕发新的生机和活力，涌现出一大批竞争力强、影响力大、联农带农紧密的全州禾花鱼产业化发展的龙头企业，已发展成为全州县乡村产业振兴生力军、小农户与现代农业有效衔接的重要载体。全州县通过实施新型经营主体培育工程，加大财税、金融、用地等政策扶持力度，龙头企业以建设稻渔综合种养示范园区为抓手，使全县禾花鱼产业得以不断做大做强。这些龙头企业通过园区建设更好地聚集产业要素，带领农民合作社、家庭农场和广大农户一块抱团发展，通过构建以龙头企业、新型经营主体和农户分工明确的农业产业化经济体系，形成了培育一个企业、壮大一个产业、致富一方农民的格局，有效探索出新时代全州禾花鱼产业化发展的新模式。在此，列举当前在全州县比较有代表性的8家先锋企业在稻渔综合种养示范园区建设上已取得成功的经验做法供大家参考。

第一节　全州县鱼种场

全州县鱼种场是全州县农业农村局下属的全额拨款事业单位，主要职责是水产苗种繁育及全州禾花鱼原种选育保护。该场始建于1958年，全场占地面积148亩，其中禾花鱼亲本培育塘20亩，鱼苗鱼种培育塘80亩，孵化环道4个，直径10米的大规格圆形产卵池一个，主要生产禾花鱼苗种、草鱼、鲢、鳙鱼种等，是桂林市最大的鱼苗种特别是全州禾花鱼苗种生产基地，也是广西的禾花鱼良种生产基地和自治区级良种场。全州县鱼种场肩负着全州县乃至全广西禾花鱼苗种供应和种质保护重任。该场现有职工11人，其中专业技术人员8名，具有高级职称的3名，中级及以下职称的5名。场内建设有饲料房、档案室、药品房、办公室、50千伏安专用变压器、高压输电线路300米，宽1米、深1.2米的排洪渠道150米，5—10千瓦的电动抽水泵，网具一批。建场以来，鱼种场负责贯彻执行国家现行颁布的有关技术标准和规范，并结合自身实际情况，制定了全州禾花鱼良种选育、保存与生产的技术操作规程。近年来，在自治区和桂林市等上级部门的关心和全州县委、县政府高度重视下，陆续拨款200余万元对该场50多亩老化受灾损毁池塘，144米引排水渠和957米运输机耕路（兼池埂功能）以及产卵孵化设施等进行了标准化改造和维修；2020—2021年自治区市县种业补助项目（禾花鱼亲本更换及原种搜集保护项目）扶持55万元，用于培育保护禾花鱼亲本5500公斤。这些项目的投入建设使该场生产能力得到了明显的提升，取得了良好的经济效益和示范作用。

全州县鱼种场场部

一、生产能力

1. 保持原良种亲本数量 2000 余组，雌雄比例 1∶1.5。

2. 年生产鱼苗数量 10 亿尾，2—4 厘米鱼种 3000 万尾。

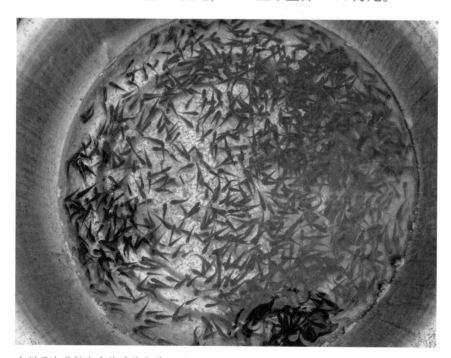

全州县鱼种场生产的禾花鱼苗

二、亲本保种标准

体短，腹大，头小，背部及体侧呈金黄或青黄色，鳃盖透明呈紫褐色，腹部紫褐色皮薄半透明，隐约可见内脏，细叶鳞，鳍条橘红或橘黄色，部分呈青灰色，全身色彩亮丽。

全州禾花鱼亲鱼侧面外观特征   全州禾花鱼亲鱼腹面外观特征

三、保护措施

1. 保种区和苗种培育区分开。

2. 排灌分离。

3. 严禁购买其他来源不明的亲本或苗种。

4. 建立档案，从亲本培育到苗种出售，每个生产环节都要详细记录培育、转塘、抽样、检测等情况，避免种质混杂。

全州县鱼种场生产区

四、经济效益

每年生产禾花鱼海花 10 亿尾左右，培育 2.0 厘米以上规格优质禾花鱼种 3000 万尾，后备亲本 200 组，创造经济效益 200 万元。

五、社会效益

每年可向社会提供禾花鱼后备亲鱼 200 组，鱼苗 6 亿尾，鱼种 4000 万尾，能满足全县 50 余万亩稻田养殖禾花鱼生产及区内外对禾花鱼苗种的需求。

第二节　柳州市万穗农业开发有限公司全州分公司

　　柳州市万穗农业开发有限公司全州分公司成立于2015年10月，注册资金200万元，总投资已逾1.2亿元，是一家集种植、养殖、旅游、商贸等为一体的个体独资民营企业。承担建设有全州县龙水万穗稻渔共生现代特色农业示范区。

万穗农业开发有限公司全州分公司

　　该公司位于"宫廷贡品"禾花鱼的发源地，著名的鱼米之乡，桂林市全州县龙水镇。公司现有行政职工28人，在广西大学动物科技学院、浙江大学生物科学学院、广西水产科学研究院、广西水产技术推广站、广西农业工程职业技术学院、桂林市农业科学研究中心等大学和科研机构的指导下，备建新型职业农民田间学校，外聘科研专家人员及农机技术指导7人，下设30个农田管理小组，初步实现了产学研结合。设备齐全，拥有国内最先进的烘干机、插秧机、耕整机、收割机，拥有仓储千吨的仓库，新建文化展示综合楼，配套建设质量检验检测室、农机服务中心、采后处理中心、农资供应中心，自建农产品质量安全追溯体系，与桂林全州鑫计米业有限公司等自治区农业龙头企业长期保持合作，实现生产、加工、销售一体。2019年被认定为"就业扶贫车间"，桂林市"十佳客商采购大户"，广西水产科学研究院"水产产业科技先锋队科技示范基地"。公司全面贯彻落实党的二十大以及中央和全区农村工作会议精神，以习近平新时代中国特色社会主义思想为引领，践行"绿水青山就是金山银山"的发展理念，以实施乡村振兴战略为统领，以壮大地方特色、优势产业为主线，以促进产业升级、推动产业与扶贫相结合、持续稳定提高农民收入水平为目标，立足打造全州禾花鱼农产品地理标志品牌，积极配合建设全州禾花鱼中国特色农产品优势区。公司以稻渔生态种养产业作为主导产业，形成经营管理科学、运行机制高效、功能布局合理、产业体系完备、优势特色明显、核心竞争力较强、综合效益良好的产业发展新格局，成为带动全州县稻渔生态综合种养产业发展先导和产业扶贫典范。

核心示范区占地3200亩，位于龙水镇辛田村、光田村、谢村、江西村，拓展区覆盖宅西、楼底、小竹、车田庄等村屯6000余亩农田，辐射区涵盖龙水镇杨田桥村、下新塘、云田村、王家村等村屯12000余亩农田。公司以规划为契机，通过提升基础设施建设，运用技术，创新经营管理机制，围绕优质全州稻米和生态禾花鱼资源高效培育与开发利用，引进高效经营、复合生态经营、高效种植、科技养殖、加工等先进实用技术，加速科技创新、技术集成、设施完善、试验示范和专业化服务体系建设，将加快推进全州县稻渔生态种养产业转型升级，提升传统特色农业现代化水平和提高产业综合效益。

龙水万穗稻渔共生现代特色农业示范区核心区（蒋儒文　摄）

核心区建有"稻沟鱼""稻坑鱼""稻＋鱼＋灯""稻＋菜＋鹅"和"稻＋鱼＋灯＋诱捕器＋赤眼蜂"等模式的示范点。

稻坑鱼模式　　　　　　　　　万穗公司冬闲田养鱼模式

该公司依托广西水产科学研究院、广西农业科学研究院、广西大学农学院和动物科学技术学院、广西水产技术推广站、广西农业工程职业技术学院、桂林市农业科学研究中心、全州县水产技术推广站等教学科研院所，建立示范区稻渔生态种养标准化和推广服务科技队伍，建立一整套标准化的生产与管理模式，实现生产技术、生产方式、生产设施的标准化，从而达到产品质量标准化，成功创

建广西五星级现代特色农业示范区 1 个，稻渔种养总面积 10200
亩，禾花鱼总产量 87 吨。

万穗公司稻渔综合种养核心示范区

该公司的主要做法如下：

一、在组织管理方面

全州县已制定有示范区的实施方案。成立了全州县特色农业现
代化示范区创建工作领导小组，下设办公室，负责处理日常工作，
设在县农业农村局，由县农业农村局蒋建辉担任办公室主任，配备
专职工作人员 4 人。分别以《关于印发全州县龙水万穗稻渔生态综
合种养产业核心示范区实施方案的通知》（全政发〔2020〕34 号）。
《关于成立全州县特色农业现代化示范区创建及全州县 2021 年农村
人居环境整治建设工作领导小组的通知》（办发〔2021〕20 号）。《关
于成立全州县龙水万穗稻渔共生现代特色农业示范区工作领导小组
的通知》（全政发〔2020〕38 号）等文件形式明确了责任分工；编制
了《全州县龙水万穗稻渔生态综合种养产业现代化示范区建设规划》，
通过全州县人民政府批准实施，并下发了该规划的实施方案，有条
不紊地推进各项工作的实施。

二、在基础设施建设方面

1.完善示范区的道路建设：2017年开始对示范区内的所有村的道路进行了扩建提升，扩建硬化机耕路1080米，硬化田埂16103米，满足生产和生活等需要。确保示范区对外通过乡村公路连接到穿境而过的县道121线，连接到全州现有的综合交通网络；对内有村屯路和机耕路连接到示范区的各个功能区和作业点，打通了道路脉络，使示范区内交通便利顺畅。

2.生活生产用水有保障：示范区内生活用水（自来水），已通过了全州县地表水饮用水源水质检测。生产用的灌溉用水、渔业用水、养殖用水均经过检测，符合稻渔养殖用水水质标准，同时全部完成灌溉、养殖水渠铺设到农田，解决了辛田村、光田村等所有村屯3200亩稻田正常灌溉。此外，示范区实现了旱能灌、涝能排的功能，配套设施齐全完好并发挥作用。

3.充足的电力保障：2017年该公司在示范区里自建电力专用变压器以及完成三相四线电力建设，新建厂房、仓库、采后处理中心等生产经营场地全部通电，整个示范区电网完善，电力供应满足示范区建设需求。

三、在三产融合发展方面

1.与桂林全州县福华食品有限公司进行加工合作，建设有现代化宰杀、分割、包装的禾花鱼罐头生产线，生产传统烟熏禾花鱼干，年产禾花鱼干12.5吨，销往全国各地。

2.与全州县6家稻渔加工企业深度合作开展稻米和禾花鱼加工，这6家企业分别是：桂林全州米兰香食品有限公司、桂林全州鑫计米业有限公司、桂林湘山酒业有限公司、广西桂林徐七二食品有限公司、桂林九提香米业有限公司和桂林鑫谷源米业有限公司。示范区自建稻米初级加工厂，引进国外先进的大米加工机械，有烘干、分级、包装一体化生产线，每年可自行加工大米3840吨。

3.研发有主导产业系列加工产品6个，分别为：烟熏禾花鱼干、麻辣酱香味禾花鱼罐头、香辣红油味禾花鱼罐头、原味豉香味禾花鱼罐头、香粘米、富硒米。

4.建成了全州县稻鱼产业的加工园区，年加工产值达4.2亿元，园区内主要加工产品有：禾花鱼腊鱼干、禾花鱼罐头、大米、米粉、米酒等。

5.建设有地头冷库、田头贮藏设施和仓储等配套设施设备，利用县域范围内的低温仓储、流通加工、交易展示、中转集散和分拨配送等功能的冷链物流园来仓储、运输示范区产品。

6.示范区通过推行"互联网+"电商营销模式，推进线上平台销售，线下特产店、超市销售产品，打通、拓宽农产品销售渠道。

四、在拓展农业功能方面

示范区开展"稻+稻+渔""稻+菜+鹅""稻+鱼+鱼""稻+渔+灯+诱捕器+赤眼蜂"等多种稻渔生态综合种养模式示范；开展田园观光、农耕体验、文化休闲、科普基地等新业态的应用和展示示范；开展文化休闲、科普教育等新业态的应用及展示示范。

稻田艺术观光

开展科普活动

五、在科技支撑方面

1.主推优势品种、获奖品种，主导产业主推品种全覆盖：示范区禾花鱼主推品种为全州禾花鱼（禾花乌鲤），其体型粗短、鳞细皮薄、肉质细嫩、味道鲜美、骨软无腥味、蛋白质含量高、品质极佳，在清朝乾隆时期曾为朝廷贡品，2012年获得国家农产品地理标志保护认证，品种覆盖率实现100%。水稻品种主要有万象优982、泰优、恒丰丝等品种。

2.有水产苗种繁育基地，引进培育国内外优质品种全覆盖：示范区依托广西水产科学研究院，建有禾花鱼繁育基地1个，面积60亩，开展全州禾花鱼（禾花乌鲤）提纯复壮选育，从外地引进鲤鱼、鲫鱼等品种开展筛选选育适合全州的稻田养鱼品种，为示范区及周边地区提供良种壮苗。2020年示范区获得农业农村部"国家级健康养殖示范场"认定。

禾花鱼繁育基地　　　　　　　全州万穗公司禾花鱼保种基地

3.水稻良种筛选试验基地：示范区依托广西农科院水稻研究所、桂林市农业科学研究中心，建立水稻良种筛选试验基地，面积50亩。主要开展示范区水稻品种选育，筛选适合全州稻渔种养模式的优质水稻品种。

水稻良种筛选试验基地

4. 主要养殖技术：

（1）示范区禾花鱼主推技术处于国内领先地位，达到国际先进水平：经过多年的探索和研究，形成了传统养鱼、田头坑养鱼、田塘贯通养鱼、泥鳅养殖、旅游休闲养鱼和"稻－灯－鱼－菇"循环立体等多种生态种养新模式。先后有上海海洋大学和广西水产技术推广站对全州稻田综合种养进行技术指导。与广西水产科学研究院合作，示范推广了《稻田养鱼高产高效技术》《稻田养鱼新技术》《稻田深沟养鱼技术开发》《垄稻沟鱼技术开发》等科研成果，《禾花鲤稻田养殖技术规范》（DB45/T110-2003）、《禾花鲤产品与品种质量标准》（DB45/T106-2003）两个地方标准，全州县制定了《全州禾花鱼农产品地理标志质量控制技术规范》《全州禾花鱼农产品地理标志管理办法》。广西水产科学研究院以示范区为成果转化应用基地，获得4项专利成果：一种半自动化鱼虾苗出苗打包装置、一种便携式水产养殖育苗用虹吸排水装置、一种网式水产育苗用苗种收集装置、一种移动式水产养殖用池塘底部高效清污装置。此外，示范区主推的稻渔综合种养模式，获全国稻渔综合种养模式创新大赛金奖。

高产攻关示范田

（2）应用"微生物+"、种养高效循环等现代生态养殖模式，饲料利用率90%以上：主推集成"稻+稻+渔""稻+菜+鹅""稻+渔+灯+诱捕器+赤眼蜂""稻+渔+灯+菇"等多种稻渔生态综合种养技术，其中"全州禾花鱼"获得国家农产品地理标志保护认证。其中，示范区推广的"稻+渔+油菜（饲料型）+鹅（鸭）"高效循环、生态立体种养模式，"稻+渔+太阳能杀虫灯+诱捕器+赤眼蜂"生态综合种养模式，利用赤眼蜂防治水稻天敌水稻螟虫，安装太阳能杀虫灯的物理+生物的绿色防治方式，成为全州县示范推广的模式，也是国家农业农村部重点推广的模式。利用功能微生物组群和微藻协同转化鱼粪中氨氮磷硫等形成生物絮团，成为鱼类重新利用的蛋白食物来源，既能有效降低水体污染，又能提高饲料蛋白利用率，形成良性的稻田生态营养循环，饲料利用率90%以上。利用微生物发酵有机肥还田、水稻秸秆还田等生态循环模式，示范区达到现代生态养殖模式。

植保无人机防治技术示范

5. 养殖尾水处理率90%以上：示范区主推稻田生态综合现代化种养技术，养殖用水、灌溉水均符合地方标准，无养殖废水排放，均返回稻田，作为复投肥料，达到生态、绿色保护标准。养殖尾水排放达标率100%。

尾水处理设施照片

示范区清水渠道

6. 病死水产养殖动物无害化处理率100%：示范区推广稻鱼生态综合种养生产技术，病死水产养殖动物无害化处理率达100%。

7.引进国内外先进科技设备、生产设施和农机技术，建立数字化信息服务平台，打造智慧农业，推广运用物联网、大数据、云计算、区块链、移动互联等现代信息技术：引进了国内最先进的烘干机3台、插秧机3台、耕整机5台、收割机2台、运输车4辆，拥有仓储量1000吨的仓库一个，文化展示室、溯源室、质量检测室等；示范区已安装视频监控，建立农产品质量安全溯源系统，并接入广西壮族自治区农产品生产追溯服务系统，开通农产品电子商务平台，且运营良好。依托广西农科院农业科技信息研究所，未来三年规划开展智慧稻渔生态种养试验示范，搭建农业物联网监测系统，开发稻渔生态种养大数据服务平台，实现稻渔生态综合种养试验示范基地的现代化建设、科学化种养和信息化管理，推广稻渔生态种养现代化、数字化科研成果示范，分析和研究稻渔共作大数据、推进物联网技术在稻渔生态种养领域的应用示范。

水稻全程机械化耕作　　　　　　　　示范区智慧农业展示

8.与院士工作站、首席科学家工作站及国内外高端科研机构、企业合作开展新品种引进、培育、应用等；与国家或自治区级科研机构、创新团队、高等院校等建立联系挂钩机制；建立有技术研发机构、团队支持，开展技术研发和推广：

（1）示范区建立博士工作站，引进广西大学动物科学技术学院黄凯博士开展稻田禾花鱼养殖技术研究应用，解决示范区的技术问题。

（2）示范区与广西水产科学研究院、广西农业科学院水稻研究所、桂林农业科学研究中心、广西农业科学院亚热带作物研究所签订科技合作协议，开展新品种引进、筛选、培育、示范与应用，开展稻渔种养技术示范推广。与广西农业科学院农业科技信息研究所合作开展智慧稻渔展示示范。

（3）聘请专家、科研团队、科研人员到示范区，开展技术研发、示范推广、企业管理等服务。

六、在品牌建设方面

1.主导产品有注册商标2个：示范区牵头经营主体柳州市万穗农业开发有限公司全州分公司已注册"龙水万穗"商标。示范区参与经营主体桂林全州县康乐粉业有限责任公司主导产品已注册"大姐老康乐"商标。

2.该公司主推产品"全州禾花鱼"已列入广西好嘢品牌目录的区域公用品牌。

3.示范区主导产品禾花鲤、稻谷均在2020年获得有机农产品认证，其中稻谷2020年获得富硒产品认证。

4.示范区主导产品全州禾花鱼2020年获全州县水产技术推广站批准使用农产品地理标志登记。

七、在产业文化方面

示范区建设有展示厅258平米，以图文、视频、实物、模型等形式全方位展示示范区的规划思路、总体布局、建设成效、助农增收、禾花鱼历史文化、稻渔综合种养产业文化、园区企业情况、园区产品、生产工艺、产品功能、获得荣誉证书等，以及示范区经营主体承担的项目、课题及其形成的成果、新品种、新技术新模式等，LED大屏展示示范区物联网视频、电子商务、产品质量溯源等，拓展示范区宣传展示、培训教育、学习交流、科研创新等功能。

第三节 广西德沁现代农业发展有限公司

德沁农业示范园

　　全州县禾美稻香现代特色农业示范区由广西德沁现代农业发展有限公司建设。该公司于 2016 年组建，注册资金 1000 万元。公司致力于发展现代科学的生态化水稻种植和禾花鱼养殖，打造景观化、产业化的现代特色农业示范区，加强农业资源的循环利用，以塑造本土知名农业品牌、带动地方经济发展为宗旨，积极带动全州县龙水镇农民创收致富，为乡村振兴建设做出贡献。德沁农业目前经营全州县禾美稻香现代特色农业示范区，是一个充满桂北历史文化、全州水乡风情、农家生活情趣，集聚科技示范、科普教育、旅游观光休闲娱乐为一体的现代生态农业示范基地。为展示禾美稻香现代特色农业示范区生态环境、乡村风貌、人文景观，打造特色农业文化旅游品牌，推动乡村旅游文化发展，示范区利用冬闲田种植绿肥油菜形成壮美的油菜花海，已成功举办了两届全州县油菜花海旅游节，有力地促进了示范区辐射范围内第二第三产业的发展和兴旺，德沁农业以产出特色放心的农产品为己任，开展优质大米、富硒大米的加工销售，已注册商标"稻花城"，深受消费者青睐。该公司发展至今已获得这些荣誉：2017年2月获得桂林市现代特色农业示范区称号；2017年4月获得稻纵卷叶螟赤眼蜂寄生控害蜂种筛选与示范应用基地称号；2017年5月获得水稻新品种田间比品试验基地称号；2017年8月获得农作物病虫害可持续治理绿色防控示范基地称号；公司前任总经理获得2018年度广西农牧渔业丰收奖全区种粮大户称号；2018年2月获得富硒大米认定证书；2018年6月获得桂建芳院士工作站禾花鲤稻渔养殖德沁公司示范基地称号；2018年6月获得广西渔业科技创新联盟常务副理事长单位称号；2019年5月获得广西稻渔生态种养产业技术创新战略联盟理事单位称号；2019年10月获得就业扶贫车间称号；2021年4月公司创始人获得绿色食品企业内部检查员证书；2021年8月获得桂林市农业产业化重点龙头企业称号；2021年11月获得农业农村部耐盐碱水稻生物学及遗传育种重点实验室第三代耐盐碱杂交水稻试验基地称号；2021年11月公司创始人获得全国粮食生产先进个人称号；公司创始人获得2021年度广西农牧渔业丰收奖全区种粮大户称号；2022年1月公司创始人获得郑州大学离子束生物工程重点实验室特聘副研究员称号；2022年8月获广西现代特色农业示范区（四星级）称号；2022年9月公司法人代表获农业农村部2022年度农民教育培训"百优保供先锋"称号；2022年10月公司法人代表获农业经理人职业技能等级证书。

全州县禾美稻香现代特色农业示范区

广西德沁现代农业发展有限公司以习近平新时代中国特色社会主义思想为指导，深入全面贯彻落实党的二十大精神和习近平总书记关于粮食安全及视察广西时的重要指示精神，落实新形势下国家粮食安全战略，坚持粮食安全党政同责，坚守"谷物基本自给、口粮绝对安全"战略底线，以实施乡村振兴战略为总抓手，以推进农业供给侧结构性改革为主线，加快农业农村现代化，全面提升乡村"形、实、魂"，促进农业高质高效、乡村宜居宜业、农民富裕富足。立足全州稻米产业发展优势，将示范区建设作为全州县发展现代农业和乡村振兴的主要抓手，用现代发展理念、现代科学技术、现代产业体系、现代经营方式将项目区打造成链条完善、融合度高的现代特色农业示范区，推动特色农业高质量发展，促进产业兴旺，助力乡村全面振兴。该公司在园区建设方面总结出如下系列经验，可供同行参考。

一、在把握示范区建设原则方面

一是以粮为本，保证耕地粮食功能。坚持以粮为本，规范发展，科学制定发展规划，从实际出发，坚持最大限度保护稻田耕作层，确保稻田耕作功能不被破坏，严格遵循稻渔综合种养田块边沟、鱼凼面积不超过 10% 比例的红线，禁止过度开发，杜绝稻田生产非粮化行为。

印证德沁公司生产原则的稻田艺术

二是产业融合，提升主体综合收益。以稻米为主导产业，夯实现代产业基地，第一产业能够实现盈利。依托规模化现代农业生产资源，推进农产品加工环节建设，打造农旅融合发展基地，完善全产业链条，形成一二三产业融合发展。以加工业带动农业生产规模，提高种植生产管理水平，提升产品质量。

三是持续发展，坚持绿色生态优先。坚持发展与保护并举，加强农田生态环境保护，大力发展健康养殖、生态化养殖，推行资源节约、环境友好、低碳发展、和谐的生态种养，推广稻菜轮作，提高稻米产业可持续健康发展能力。

四是统筹协调，兼顾各方综合利益。探索土地托管、土地股份合作等模式，积极撬动金融资金和社会资金投入，强化社会化服务体系建设；着力调动农民积极性，确保农民增收受益。

五是科技创新，推进稻米创新引领。推进品种培优，加强良种繁育基地建设和良种推广，培育高产稳产、绿色生态、优质专用的新品种，提升供种保障能力。

德沁稻田综合种养示范区

二、在示范区建设目标方面

该公司依托全州县独特的优势区位，自然环境，围绕全州稻米特色产业品牌，以建设自治区五星级现代特色农业示范区为目标。根据示范区的区位优势、资源条件、产业基础、产业政策及行业、区域发展规划的需求，完善农业产品产业链的需要以及示范带动群众增收，把握广西现代特色产业核心示范区创建机遇，发挥稻米产业集群发展优势，以生态保护为前提，以稻米产业为主导，推动农业经济和乡村休闲旅游联动发展，形成以全州稻米为现代特色种植业核心示范区品牌，建设集生态优良、布局合理、产品多元、设施完善、管理科学，农业观光、科普教育等功能为一体的自治区五星级现代特色农业示范区，将示范区打造桂北水稻生产科技创新引领区，全州农业融合发展样板区。

德沁稻渔共生科技示范基地

三、在示范区建设措施方面

一是以打造五星级现代特色农业示范区为目标，以稳定粮食生产为主线。不断提升科技支撑能力，进一步提升示范区现代科技设备和生产设施装备水平，努力实现生产工厂化、装备设施化、控制自动化、管理数字化和全程智能化，加快推进农业机械化。推进质量兴农绿色兴农，按照绿色食品、有机食品标准和国际通行的农业操作规范，全面实施绿色生产和标准化生产。落实农户土地承包权、宅基地使用权、集体收益分配权的基础上，探索订单收购、保底分红、二次返利、股份合作、吸纳就业、村企对接等多种形式带动小农户共同发展。

二是以现有稻渔院士站、超级稻、海水稻生产科研基地为基础，加强与院士（专家）工作站、首席科学家工作站及国内外高端科研机构、重点企业合作开展科研工作，强化与国家及自治区级科研机构、创新团队、高等院校等挂钩联系机制，示范推广全国乃至全球最高端的稻米技术，加大现代特色农业示范区科技创新能力建设，建设"第三代杂交水稻研究中心"，加快产业关键技术的研发、集成创新与转化应用，增强科技成果转化应用能力。促进各类创新要素向现代特色农业示范区集聚，推进产学研深度融合，使示范区成为桂北水稻生产科技创新引领区，展示现代农业发展最先进生产力、最先进生产模式。

三是依托国家级现代农业产业园集群发展优势，完善提升示范区农产品加工能力，实现生产工厂化，推进农业机械化；推进美丽乡村工程，拓展农业的田园观光、农耕体验、文化休闲、科普教育等多种功能，依托都市农业资源优势、城郊区位优势、自然风景区、民俗民族风情等禀赋发展休闲农业和乡村旅游，推进产研学基地、田园综合体等新业态的应用和展示示范，打造农业融合发展样板区。

观光农业展示

四、在示范区建设功能方面

一是管理机制展示功能。示范区通过创新产业发展体制机制，完善配套设施设备，保障示范区优质种苗统一供应，种植栽培统一标准，高效循环，病虫害统防统控，管护等先进科学，实现示范区水稻产业良种良法有效覆盖辐射。

二是科普培训功能。通过建设超级稻基地，由公司农技师为农民进行种植技术培训指导。通过土地平整，渠道维修，田间管理，科学施肥等措施，引领农民建设标准化种植基地，保障示范区生产过程中优质种苗的供应，为示范园农业产业发展奠定基础。带动农户种植积极性、服务群众效果、新型农户培育方面具有明显的优势作用。

全州禾花鱼

开展技术培训

　　三是专业化服务功能。结合推动乡村振兴使命，引导示范区及周边种植户参与到专业合作社，与龙头企业等开展联合种植、技术推广、生产资源供应、产品销售等服务，提高稻菜种植产业生产的产前、产中、产后的组织化程度和专业化服务水平，带动农户增收致富，推进种植业现代化发展。

　　四是产业富民功能。利用示范区在生产要素、政策、人才、技术、金融等优势，完善功能平台，将示范区作为深入推进产业富民和科技扶贫的基地，积极引导周边科学高效发展蔬菜种植产业，带动农民脱贫增收致富。示范带动全区农业科技示范园区建设，辐射带动全区绿色、标准化农产品生产基地建设，增强产业综合竞争力和农民增收能力。

　　五、在科技能力提升方面

　　一是在示范区内建立水稻研发试验田，该试验田占地50亩，主要用于研究，通过研究超级稻种植技术、富硒水稻高质高产技术、育种技术、生物育种技术等系列技术，研发出具有丰富膳食纤维的水稻品种。

开展水稻研发

二是加强"区校一体、融合发展"，示范区科技创新主要来源于自身研发和对新的农业科技成果进行转化应用，为进一步提升示范区的科学技术水平和科技创新能力，示范区应积极发挥技术集成、产业融合、创业平台的优势和作用。通过与广西农科院、广西灌溉试验中心站、广西水利科学研究院、桂建芳院士工作站、中国农业大学生防实验室等科研院所协作，在示范区建立水稻产学研基地1个，致力于稻米的科学研究和产品开发，利用涉农高校、农业科研院所以及农业科技公司技术研发优势，推动示范区农业科研成果的转化应用，积极探索水稻种植模式的再次优化，加强示范区内主导品牌的市场竞争力，扩大利润和收益。

德沁公司全州禾美稻香现代农业核心示范区

　　三是完善政府、技术需求方、技术供给方的利益联接机制，促进技术创新所需各种生产要素的有效组合，打造现代农业技术创新联盟，使技术合作、技术转移、技术创新、人才培养与现代农业的市场竞争力的提升融为一体。同时还应鼓励技术供给方通过技术承包、入股、转让等形式参与现代农业的发展经营。

　　四是充分发挥市场的作用，在此基础上通过政策的指导，到2025年，每年举办2次大中型农业技术交流活动，鼓励各类农业人员积极参加，有效整改基层科研部门的建设；同时，建立农业技术培训班为典型的培训模式，开展农业知识课堂，培训内容应采用理论教学和实地参观教学相结合的形式，实地参观教学应选择农业科技水平高、技术先进的农业科技园区或现代特色农业示范区为主，通过实地参观学习和了解农业科技成果的使用情况，进一步提升示范区现有科技人员的综合能力，从而提高示范区的整体科技创新能力；同时以培训班为依托，培养一批青年农业产业骨干人才，提升他们的知识理论水平，增强他们掌握科学技术的能力，为农业产业发展提供有力保障。

　　六、在农业先进技术装备方面

　　1.提高水稻生产全程机械化作业水平。实施面积50亩，推广智能高端复式机械、北斗终端设备、新农具、植保无人机、旋耕机、收割机等。从耕耙、育秧、栽插，再到大田病虫害综合防治、稻谷的收割全部采用机械化操作，让"小农机"有"大作为"。到2025年，水稻耕种收综合机械化水平达98%以上。

　　2.完善数字智能化基础设施建设。一是完善网络基础设施、通信设施建设。推进5G网络基站建设，提高网络的传播速率。二是发展智慧种植。利用物联网技术，建立"水肥一体化＋气象预报＋病虫害监测＋安全监控溯源"技术一体化云平台，集成应用计算机、农业物联网、自动控制、气象预报、病虫害绿色防控等技术形成以

农业机械化展示

营养诊断为核心的智能化生产管理体系，对水稻生产进行高效有序的管理，争取到 2025 年累计建设面积在 500 亩以上。

3. 积极采用信息化作业设备。采用"3S"技术和智能控制设备。实现精准化作业和病虫害预测；在农产品加工方面，积极运用智能化设备进行生产，提高生产效率。

4. 构建农产品质量安全追溯管理平台。在示范区内搭建 1 个农产品溯源中心，农产品追溯系统围绕"从农田到餐桌"的安全管理理念搭建农产品追溯平台，在农产品上赋予二维码，做到"一物一码"，为产品提供身份证明。使用统一追溯模式、统一业务流程、统一编码规则、统一信息采集。消费者或者相关部门可查询到农产品的品种、种苗处理、施肥、用药、采摘、种植养殖地点、相关部门的检验记录、加工、生产过程及企业，以及销售地点及相关信息等。在质量管理中强化产品认证和包装标识，设置条形码识别系统，实现农产品从生产、物流、销售等环节的全过程信息透明管理。

七、在社会担当精神方面

1. 积极带头示范，推进农民合作社的建设，围绕加工、运输、销售等环节加快发展一批新型农业经营主体。着力培育从事产业融合的家庭农场，鼓励家庭农场通过参与现代特色农业示范区建设、参与农产品加工环节、参与休闲旅游开发等进入一二三产业融合发展链条。

2. 结合"土地小块并大块"等活动，引导推荐能人在拓展区、辐射区承包经营，培育生产大户和家庭农场扩大生产规模，引导农民专业合作社兴办农产品流通企业，从财政奖补、技术培训、物流仓储等方面进行重点支持，力争在2025年内打造粮食产业化联合体1家，农民专业合作社3家，家庭农场3家。

3. 在坚持家庭承包经营的基础上，通过土地流转、土地托管、合作经营和订单农业等形式，推进农业适度规模经营，实现千家万户的小生产与千变万化的大市场有效对接，进一步激发农业和农村经济活力。鼓励农户通过多种入股模式参与到产业发展中来，实现农民变股东。

八、在绿色高质量发展，建设绿色生态基地方面

1. 强化环境保护措施。创建绿色超级优质稻基地和稻渔种养基地，严格按照绿色超级优质稻种植及稻渔种养要求，大力推广资源节约型农业生产技术，提高农机和水资源利用率，并扩大轮作休耕面积。到2025年，青蛙、泥鳅、蚯蚓等农田生物多样性覆盖率达到20%以上，新增创建2000亩以上的标准化超级优质稻基地、1000亩以上稻渔种养基地，以此作为试点，不断提高基地示范带头作用，并促进土地的可持续利用，推行节水、减肥、减药、农膜回收利用行动，研发超级优质稻种植区生态农业水资源循环利用系统相关发明专利3项，积极发展资源节约型环境友好型农业。

高标准种植区（蒋儒文　摄）

2.农药化肥减量化施用。以推进农业生产化学投入品减量化施用为目标，依托新型农业经营主体和专业化社会化服务组织，大力推进化肥减量提效、农药减量控害。继续建设示范区内的机井及管网，为推广水肥一体化关键技术提供便利。水肥一体化技术的应用有效减少水稻种植过程中的农药、肥料使用量。保证水稻产品质量达到了食品安全的国家标准，保证减少农药使用量和节本增效的目的。统防统治与绿色防控相融合技术，为建设绿色生产基地提供支撑。到2025年，形成超级优质稻高产栽培新技术1项，水、肥、药一体化灌溉新技术1项，绿肥可持续性施用新技术1项。

3.构建绿色防控体系。建设自动化、智能化田间监测网点，构建病虫监测预警体系，提高病虫监测预报水平。推广应用"三诱"技术等生物防治、物理防治等先进实用技术，全面开展绿色防控。

德沁绿色食品检查现场检查会

强化科学用药指导和农药抗性监测评估，全面提高农药利用率和病
虫害科学防控水平。大力扶持病虫防治专业化服务组织，鼓励开展
专业化统防统治。到 2025 年，病虫害绿色防控覆盖率达 100%。

4.升级主导产业体系。推进加工园区建设完善升级加工设施设
备，依托示范区内现有的稻米生产加工集聚区为主导的加工集聚区，
建成以大米加工、稻米加工、食品加工为主的加工园区，下一步围
绕稻米加工产业进行升级。一是完善初加工设备：整合示范区内村
级生产规模小，基础设施配套的初级加工基地，选取 2 个以上村集
体或者合作社为经营主体进行厂房和仓储设施的改造，配备与加工
能力相匹配的加工设备，开展厂区生态环境整治，为稻米精深加工
提供优质原料，力争到 2025 年，初加工转化率达 99% 以上；二是
提升大米加工创新：在现有米粉、糍粑等加工产品基础上，引进新
技术，推广新的产品流水线，开发新产品 3 款以上，力争到 2025

年，农产品加工产值与农业总产值比达 2.2：1；三是扶持加工企业发展，梯度发展以稻米为主的加工园区，深化稻米加工环节，着力提高产品附加值和延伸产业链，力争到 2025 年实现加工转化率提升至 98%，推动农业产前、产中、产后一体化发展，延伸种养产业链、打造供应链、提升价值链。

5. 完善产品交易市场流通体系。构建农产品跨区域流通体系，加强物流系统建设，充分发挥"广西北大门"发展机遇，建设以稻米物流为主、辐射周边区域的特色农产品物流中心，完善物流配送体系。建设示范区稻米加工仓储与物流集散中心，购置 10 辆冷链运输车，重点服务于以示范区为中心的禾美稻香示范区稻米生产集聚区，发挥稻米加工、仓储、物流、配送等功能。探索产业信息发布、电商服务、创意设计等关联功能，充分利用南菜北运专列，以及阿里巴巴、京东和八桂农网等大型互联网企业的"地方产业带"平台，将全州绿色、生态的农产品进一步推向国内外市场，力争到 2025 年，搭建三大电商销售平台，线上年销售额达 5000 万元以上。

6. 拓展"现代农业＋"融合产业。以"农业＋旅游农业＋加工农业＋文化农业"等产业融合发展新模式，重点打造科普基地、产研学基地、农林观光游、周末休闲游、精品度假游等农文旅融合产业。不断丰富提高农业生态、休闲和旅游功能，推动园区变景区、农房变客房、田园变庄园建设，促进三产融合发展。主要从以下几个方面开展：

一是发展"现代农业＋特色产业"融合。以稻米加工为核心，以科技研发为途径，以产业基地为基础，以生态旅游为依托，打造产加销一体化的农业模式。以核心示范区为试点，建设智慧康养园区、研学基地等，即利用土地与自然资源，发挥农业生产功能、休闲旅游功能、综合服务功能、辐射带动功能，汇集生态基地、食品研发、加工制造、休闲旅游、观光采摘、生态美食、科普教育、会议接待等"一园多能"的现代化示范园区，定期举办旅游节庆活动，吸引各地游客，创造一二三产业连接的产业化链条，发展有机农业，建设高标准农业种植区，打造独特的产业文化园区。

德沁公司现场交流宣传

二是发展"现代农业＋双创"融合。建设特色农业品种生产实训基地，示范和推广杂交水稻种植新技术、水稻良种繁育、现代节水灌溉技术、无伤害采收技术、采后商品化处理技术、绿色生态产品电商（网络）销售、合作社品牌培育、农民技术培训等。鼓励和引导返乡下乡人员结合自身优势和特长，以现代农业市场需求为导向，利用新理念、新技术和新渠道，入驻全州县禾美稻香现代特色农业示范区进行创业创新，从事水稻种植、稻米加工、电商销售、品牌营销、休闲农园的经营与开发。

三是发展"现代农业＋大健康产业"融合。充分利用示范区内已有的水稻标准化生产基地，开展规模化优质稻米生产，并结合土壤富硒带，开展富硒稻、超级优质稻等种植，打造健康养生食品，到规划末期建成3个以上绿色优质稻种植基地。科学发展生态种植，

全州禾花鱼绿色食品检查员培训班

面向示范区农民专业合作社和种养大户推广超级优质稻、富硒稻等特色品种，提高农民新品种、新技术的使用率，结合科技人员下乡活动，组织开展"优质品种进村，优质产品入城"活动，促进种植、养殖农户增收，满足本地居民对本地自产营养、健康农产品的消费需求。

德沁公司紫云英花绿肥种植示范区

九、在培育优质农产品品牌方面

1. 强化质量体系。加强稻米及加工产品综合检测中心建设，在示范区内设立禾美稻香稻米检测检验机构，加强产品质量安全检测能力建设，建设质量可追溯体系，实现生产、收购、储存、运输、加工环节的全程可追溯系统，并鼓励支持企业开展"三品一标"建设，到2025年，水稻绿色高质高效技术模式示范区达到18万亩"三品一标"农产品生产比例达80%。

德沁稻谷烘干加工

2. 打造品牌体系。发挥好全州县"桂北粮仓"的作用，以示范区内现有的"杂交水稻OH99米"等产品品牌为抓手，打造"绿色生态、长寿壮乡"牌，树立区域公用品牌领导地位，规范区域品牌的制定、准入、使用、管理，建立健全品牌保护机制和体系，推动"区域公用品牌+企业品牌（或企业产品品牌）"双品牌扩张，形成完善的品牌体系，并引导企业组建产销联合体。力争到2025年，打造 1 个以上在国内外有影响力的知名企业品牌、2 个以上区内知名企业品牌，放大品牌效应。

3. 做好品牌营销。通过多种平台和方式进行品牌宣传推介，强力打造优质稻米品牌形象，扩大影响力，增强市场占有率。利用央视等重要媒体，做好公用品牌的广告宣传。并积极运用新媒体，通过短视频、直播等多种形式增加品牌知名度。

德沁产品展销

十、在构建线上线下产销对接平台方面

1. 构建智慧化服务体系。通过"互联网＋"现代农业行动，建立 1 个智慧农田服务平台。建立数据采集、数据整合、农业综合数据库系统，实时更新产前、产中、产后的情况，推进管理服务机制的建立，提升农产品市场的推广服务效能，示范推广智慧市场管理系统平台在仓储、销售、物流等环节的智能化管理，全方位打造科技服务智慧化的禾美稻香示范区。

2. 创新农产品电子商务模式。结合虚拟数字技术、远程视频实景传播技术等，构建基于电子商务技术的农产品网络超市，建设综合性电子商务服务平台，提升企业和新型经营主体的农产品销售的网络化和订单化水平。支持建设智慧物流运输，实现订单式生产、网络化采购、物流式配送，满足消费市场的个性化需求，形成以技术流、产品流、信息流为主要调控手段，以高效益、高产出为重要特征的现代化市场经营业态。

3.发展订单农业模式。发展订单农业，向传统产业、特色产业要效益。积极推行"企业+种植基地+合作社+自营终端"的订单农业模式，大力推进示范区与大中型超市建立稳定的购销关系，大力推广"农-超""农-校""农-餐"对接和鲜活农产品电子商务，到2025年，建立订单生产基地面积10000亩，农业订单生产率达50%。引导各类新型农业经营主体应用电子商务平台，培育农商直供、电商网销、会员制、个人定制等模式，推进农商互联、产销衔接。

十一、在打造农村综合改革先行区方面

1.构建现代农业经营体系。一是开展农民利益联结式试点，在示范区内试点开展订单收购、保底分红、二次返利、股份合作、吸纳就业、村企对接等利益联结试点，探索符合当地的发展成果共享机制。二是激活经营性服务，支持新型经营主体发展各类合作服务组织，为成员及其他生产经营主体提供技术指导、技能培训，生产资料采购经营、病虫害防治、稻米加工流通等专业服务。三是开展"三社融合"试点，由合作社、供销社和信用社组建农民合作经济组织联合会，积极吸引专业大户和家庭农场参加。供销社发挥自身经营平台、销售网点优势，向入社主体低价提供优质农资，负责产品收购和统一销售，并对符合条件的入社主体提供贷款担保；合作社向入社农户提供农机、农技、土地托管、产地初加工等生产性服务；信用社的涉农贷款优先投向入社主体。政府在项目、资金、技术等方面对入社主体给予扶持。

2.创新土地经营方式。由政府引导并成立农村产权交易中心，进一步完善土地流转经营制度，健全挂牌流转、入市交易、合同鉴证等细则办法，明确"五统一"土地流转机制，即企业统一租赁土地、统一园区规划、统一建设园区、统一技术管理、统一产品销售。同时在坚持家庭承包经营的基础上，通过土地托管、合作经营和订单农业等形式，推进农业适度规模经营，实现千家万户的小生产与千变万化的大市场有效对接，进一步激发农业和农村经济活力。鼓励农户通过多种入股模式参与到产业发展中来，实现农民变股东。

小田变大田　机械化作业（邓琳　摄）

3. 创建联农带农模式。示范区各项目的开发和建设将直接带动增加区域内农民就业增收机会，力争到2025年，为社会提供约300个工作岗位；为村集体经济带来收益超过5万元，农民年人均可支配收入超过全国平均水平。

第四节 全州天湖农业科技开发有限公司

全州天湖农业科技开发有限公司（原桂林小小生态农业有限公司）有水稻种植面积15000亩，年产稻谷15000吨，产值5250万元，年利润600万元；有禾花鱼养殖面积15000亩，年产量450吨，产值2250万元，利润450万元；开展大米加工，年加工产量4000吨，产值2400万元；建设有冷库4200立方米，可冷藏冷冻禾花鱼1000吨。

探秘该公司的发展历程，人们会惊奇发现该公司董事长郑照全同志极富传奇色彩的创业故事，在故事中所蕴含的创业经验值得广大朋友参考借鉴。

一、郑照全和他的富硒大米

山区梯田（蒋儒文 摄）

天湖山地处全州腹地，是华南第二高峰，最高海拔 1680 多米，尽管这里山水资源丰富，风景如画。但祖祖辈辈固守着绿水青山的山里人，因交通不便、山高岭陡而发展缓慢。然而，全州天湖农业科技有限公司董事长郑照全偏偏看上了这片夹在青山绿水间的土地，投资上千万元，控股成立了全州县方舟富硒生态农业专业合作社，开发了 10000 多亩绿色种养基地。一颗颗有机富硒大米从山沟里销往全国各大、中城市，在精准脱贫战斗中帮助 270 多户贫困户增产增收，推动了当地生态农业的发展。

富硒大米生产基地（蒋儒文　摄）

二、探秘挖宝

桂林小小生态农业有限公司成立于 2014 年 10 月 20 日，是全州县唯一一家以科技兴农、自主创新、打造富硒有机食品优质品牌的种植、养殖新型企业。公司立足于名、优、特农产品的开发与推广，以种植天湖山富硒水稻、水果、蔬菜为主，致力于开发各类健康、放心的富硒有机食品，纵深开发了"三水一湾"牌富硒米、天湖"好享吃"富硒系列精品，深受广大消费者的喜爱。

俗话说："一方水土养一方人。"生活在天湖山脚下的老人们，虽然生活不算富裕，但一个个精气神不亚于小伙子。这"精气神"到底从何而来？秘密正藏在这片神秘的土地上。桂林小小生态农业有限公司创始人郑照全在一次投资调研中发现了这个秘密。

2014年的一天，郑照全因考察农业项目来到全州县才湾镇七星村委一个号称小龙脊的山区小村焦塘村，看见一位身板硬朗的老婆婆坐在屋门口晒太阳，便坐下与她聊天，老婆婆说她这条命是捡回来的。原来，八年前这位老婆婆身患重病，做手术不仅花完了全家积蓄，还负债累累，术后回到家里每天还要服用昂贵的进口药治疗，对于一个普通家庭来说，这无疑是雪上加霜。在再也无钱医治的情况下，全家人经过商议后决定停药调养。就这样，家人每天用自家生产的大米熬粥，因口感好，老婆婆每天能吃下三大碗。日复一日，老婆婆没有吃任何药，也没有做任何治疗，一年后去医院检查，病情竟然好转了，老婆婆的身体也一天天硬朗起来了。是什么这样神奇，让一个身患重病的老婆婆术后不吃药不治疗身体得以恢复？大家都说这大米粥有神奇食疗效果。后来有专家经过调查勘验说这里山区的土地富含硒元素，种出的稻谷也含硒，加上青山秀水，空气清新，就是这用富硒米熬成的粥，让老婆婆的身体得到恢复。

这一消息让郑照全大为惊喜。但望着村前大多数荒芜了的梯田，郑照全百思不得其解：既然这田里能种出这么好的稻谷，为何还有这么多田荒着呢？经过深入调查了解，他找到了原因：因交通不便，山高岭陡，加上在水的源头，田的肥力不够，种稻谷产量不高，成本过大，一旦碰上灾害年份，就得不偿失，村民们没有种稻谷的积极性，青壮年不管男女，差不多都在外面打工，还有的干脆搬出去住了。据村民讲，荒田一年比一年多，有的田已长满野草，连田埂都找不到了。

望着这一座座阡陌纵横、层层叠叠的梯田，郑照全眼里浮现出的是一幅壮美如雕塑，蜿蜒似玉带，美不胜收的独特景象。心里构思着的却是另一幅发展蓝图：富硒米的食疗效果如此好，如果把山区这些梯田全种上富硒稻，让更多的人能享受到富硒大米的益处，富硒稻米是美食，山水田园成风景，还能让当地村民种稻走上致富路，又促进了自己企业的发展，岂不是一举四得。

三、创立品牌

向来雷厉风行、风风火火的郑照全一旦有了这个想法，便立即付诸行动。于是，他请来农业专家对才湾山川山疙瘩里这一座座梯田的土壤进行了再一次鉴定，得出的结论是：地理环境好，土壤富含硒元素，最适合种植富硒产品。有了这个结论，郑照全的信心更足了。为了对富硒稻有个更深刻的了解，郑照全查阅了大量资料：富硒有机大米是一种含有硒元素的高级大米，它含有硒、谷维素、稻糠甾醇、维生素和无机盐等营养价值高的元素。硒元素是人体必需的微量元素，富硒大米含有的高蛋白和硒很容易被人体吸收，且具有抗氧化、抗衰老、提高人体免疫力、提高肌肤末梢血管循环机能、促进肌肤新陈代谢等作用。

2014年，郑照全就拿出毕生的积蓄来投资农业，他选在全州县才湾镇山川这个山清水秀的地方建了一家大米厂、一块面积50余亩的生态种植园，先是收购山区农民种植的水稻加工成大米进行包装后卖到大城市去。在市场摸爬滚打了几年，他发现城市居民喜欢这山区生产的大米，特别是有机米、富硒米备受青睐，富硒米售价是一般普通大米的几倍，甚至是十几倍，市场前景看好。他还总结出要想做得更大，必须建立自己的品牌。郑照全决定利用这山里得天独厚的优势，开发出一系列的富硒产品。2014年12月，他控股成立了全州县方舟富硒生态农业专业合作社，成立之初有社员200

户，带动山区农村 1000 余户农民种植富硒大米。并创建了"三水一湾""好享吃"系列富硒大米等品牌。

"三水一湾"牌富硒米

公司秉持"诚实守信、勤奋敬业、无私奉献、创新致远"的企业精神，坚持"共赢共享、造福民生"的价值观，践行"创生态品牌，做健康产业"的企业宗旨，采取"公司＋合作社＋基地＋农户"的生产模式，统一谷种、统一种植、统一回收、统一销售，规范化管理，建立质量安全制度和责任追溯制度。在县、镇政府及相关部门的大力支持和帮助下，全州县方舟富硒生态农业专业合作社按照"民办、民管、民受益"的原则，采取自愿的方式，形成了自主经营、民主管理、利益共享、风险共担的合作经营共同体，努力把公司建设成为"绿色产业企业、惠民龙头企业"。

四、精准施策

2018年，精准脱贫工作的号角全面吹响。这时，郑照全想得最多的是如何通过精准施策，在发展富硒农产品的同时，协助当地政府做好精准脱贫工作，担负起一份社会责任。为了帮助贫困户实现产业脱贫，推动农业增效，农民增收，乡村振兴，桂林小小生态农业有限公司以全州县方舟富硒生态农业专业合作社为载体，充分利用才湾镇富硒土壤特色资源，采取委托管理的办法，开发富硒水稻、蔬菜、水果种植产业和禾花鱼养殖业。2019年，公司共帮助270户贫困户种植富硒稻近1000亩，每亩一般投入成本为600元，亩均产富硒稻谷900斤，公司回收价格为每斤1.8元，亩收入为1620元，除去成本每亩利润达1000元。委托代管解决了贫困户生产缺成本、产品无销路、增产不增收的问题，为贫困户走出了一条产业脱贫致富的好路子。同时，安排7名贫困群众到公司就业，还常年供应8位孤寡贫困老人每月30斤大米，每逢节假日上门慰问贫困群众，帮助贫困群众解决实际困难，当地群众都称郑照全为大善人。

公司开展慰问活动

公司承租了才湾镇五福、驿马、七星、岩泉、紫岭、才湾等6个村委13个山区村的1000余亩水田，委托田主代为管理，管理期限为20年。公司统一提供水稻种子、有机肥料、富硒叶面肥、技术服务和鱼苗。农户必须种植和养殖公司分片区统一提供的种子和鱼苗，按公司的技术指导进行犁田、播种、施肥、管理、收割等，并实行保价收购，富硒杂交稻1.8元/斤，富硒常规稻2元/斤，富硒禾花鱼50元/斤，富硒稻田鱼35元/斤。农户按照公司的订单种植的当季蔬菜，按照双方约定的价格收购。农户必须把种植、养殖的产品80%的份额卖给公司，另20%可自行处理。收获的农产品要在15天内送到公司所在的才湾大米厂内，公司在扣除成本（为农户提供的种子、肥料等）后，必须在收购当天支付收益给农户。

在公司承租期内，基本农田保护性补贴由农户享受；种植大户、合作社、农业公司如有种植补贴由双方共享，农户占40%，公司占60%；其它专项扶持资金专款专用，不得分享；农户要协助公司开展现代特色农业各项活动，包括生产道路建设、争创"三品一标"认证、农产品追溯制的建立等；农户在育秧、插秧、施肥、收割等代为管护生产上，必须严格按公司制定的生产技术标准生产，严禁使用违规农药和化肥，否则公司拒收产品。

五、创出品牌

才湾镇山川是个大地名，位于天湖高山脚下，有五福、驿马、七星、岩泉、紫岭等山区村委。这里的土壤含硒量丰富，处于广西三大天然富硒地带之一，生产出来的水稻自然含硒。况且高山冷水，环境优越，90%的水田是依坡就势开挖的梯田，每年只能种一季水稻，生长期长达180天，为稻谷糖分的积累和蛋白质等营养物质的沉淀提供了优越的条件。产出的大米富含硒、偏硅酸等人体必需的微量元素，大米粒型细长且晶莹剔透，煮饭筋糯宜口，清香回甘；煲粥浆汁如乳、油亮溢香，如长期食用能延年益寿，增气提神。

随着富硒有机大米被人们的认知，便有了广阔的市场前景。我国《营养学报》曾报道，全国72%地区属于缺硒或低硒地区，2/3以上人口不同程度存在硒摄入不足。人类有40多种疾病与缺硒有关。中国人均硒摄入大大低于世界卫生组织公布的50—250微克的健康标准。基于传统中医"药补不如食补"的理论，国内外营养学专家指出，食用富硒大米是公认的安全有效的补硒方式。但一般稻米含硒量仅为25微克/公斤，满足不了人们日常通过食物补硒的需要。随着城乡人民生活水平的不断提高，人们对餐桌上的食品要求越来越高，尤其对米饭的要求不仅要米质好、口感佳，还要兼顾营养。郑照全和他公司的员工们针对广大消费者愿望，积极开发富硒农产品。通过权威部门检测，他们生产的富硒米不仅米质好、口感佳，而且超过国家规定的富硒大米最低营养标准50微克/公斤。上市后，深受城乡居民欢迎，远销深圳、香港、上海、北京等城市，品牌美誉度均列为供货合作社的前列，成为各经销商信赖的长期合作伙伴。2019年11月，全州县方舟富硒生态农业专业合作社生产的"三水一湾"牌富硒米，被评为"广西优质富硒米"。

通常，每人每日硒正常摄入量不应低于50微克，而普通大米含硒量极低，无法满足人体正常需要。"三水一湾"牌富硒米与一般有机大米不一样，它生长在高山地区，没有污染，早晚温差大，灌溉的是山泉水。在培育方式上，"三水一湾"牌富硒米采用有生态种植，不使用化学肥料，生长期长于普通大米，保持了谷物的天然成分，含有碳水化合物、蛋白质、脂肪、维生素、谷维素、花青素等十多种营养成分。人们只要按日常食用量食用"三水一湾"牌富硒米，就能满足不同人体对硒营养的正常需要，从而达到由"吃饭充饥"走向"吃饭养生"的目标。

六、以质促销

目前，公司采用"实体店＋互联网"的经营模式，拥有更多的存量优势、行业标准优势和公信力优势。"实体店＋互联网"是以实体经济为主体，利用网络营销、粉丝营销，再从粉丝销售切换到大众销售的过程。

好产品必须卖出好价钱。郑照全深知，天湖"好享吃"牌富硒大米售价贵，是普通大米的几倍甚至十几倍，这完全是靠它的品质支撑起来的。因此，在抓好销售的同时，必须抓好产品质量。在生产过程中，他立下了两条死规矩：必须生态种植、有机生产，完全采用自然农耕法，不使用化学肥料，一般用腐熟农家肥做基肥，不施带毒性的农药，一般采用手工和生物防治相结合的办法防病治虫；必须选择在独立无污染富含硒的土壤环境下种养，水质要好，环境要佳。他也深信，高价格暂时不为绝大多数消费者所接受。但只要消费者了解过天湖富硒有机大米与普通大米的生产差别之后，自然会认可。而且，食用的时间久了，身体自会告诉他还是天湖"三水一湾""好享吃"富硒大米好！

民以食为天，食以康为安。健康饮食是未来发展的趋势，也是今后桂林小小生态农业有限公司、全州县方舟富硒生态农业专业合作社继续努力的目标。面向未来，郑照全将带领他的桂林小小生态农业有限公司开拓进取，不断创新，视品质为生命，以市场为导向、强化科技人才支撑，发挥资源优势，把天湖"三水一湾"富硒大米、"好享吃"富硒农产品打造成富硒有机绿色食品领域中的"新星"。

第五节　广西桂林绿淼生态农业有限公司

广西桂林绿淼生态农业有限公司荣誉墙

广西桂林绿淼生态农业有限公司成立于 2016 年 3 月 28 日，位于全州县才湾镇七星村委，建设规模 3200 亩，总投资 1.18 亿元，组建了 2 个农民专业合作社，为 2016—2018 年市县重点推进项目。为响应国家建设现代农业示范区号召和贯彻落实 2018 年中央 1 号文件精神，按照《农业部关于组织开展国家级稻渔综合种养示范区创建工作的通知》（农渔发〔2017〕25 号）的要求，基地以现代特色农业的种、养、深加工、销售为一体，一二三产业高度融合，以基地加合作社的综合种养现代化立体经营示范区模式为目标，发展以种植富硒水稻和养殖稻田禾花鱼为主导产业，突出生产集约化、规模化、标准化和品牌化，是一种具有稳粮、促渔、增效、提质、生态多功能现代化生态循环农业发展新型稻渔综合种养立体循环示范模式，具有引领示范全县乃至全国稻渔综合种养产业的发展。该公司于 2018 年成功创建了全州县天湖绿淼稻渔共生产业（核心）示范区，创建工作取得的经验值得参考。

一、基本情况

全州县天湖绿淼稻渔共生产业（核心）示范区，自 2016 年开始创建，在上级党委、政府和业务部门的指导下，全面推进了全州县现代特色农业（核心）示范区创建工作，上级领导和技术后盾单位多次到示范区指导创建。

作为示范区建设主体的广西桂林绿淼生态农业有限公司是广西水产渔业龙头企业促进会会员单位，广西稻渔生态种养联盟副理事长单位，广西水产科学研究院示范基地、上海海洋大学水产实验基地，中国科学院桂建芳院士工作站、广西禾花鱼原种保护基地、广西创新驱动发展专项资金项目实施单位，公司参与水产微生物制剂、禾花鱼分子育种等多项自治区重大专项课题研究。2017 年通过桂林市特色农业核心示范区验收，同时获得全国首届稻渔综合种养创新模式大赛金奖。2018 年获得国家级稻渔综合种养示范区称号。

1. 示范区建设地点：示范区位于有全州"鱼米之乡"美称的才湾镇，核心区 3400 亩，覆盖七星、驿马、紫岭、永佳洞、才湾 5 个村委，其中七星村为自治区贫困村。拓展区涵盖才湾全镇；辐射区包括全县。

2. 示范区产业背景：全州县稻田养殖禾花鱼 40 万亩，占水田面积 80% 以上，总产量 0.8 万吨，年产值 25 亿元；2012 年全州禾花鱼获得农业部农产品地理标志产品登记保护，2019 年获得自治区第三批中国特色农产品优势区。全州县建有特色食品产业园 1500 亩，加工禾花鱼、富硒米、干米粉等农产品，年产值 10 亿元以上。

才湾镇稻渔综合种养示范区

3. 示范区建设功能定位：示范区建设突出五大功能，一是带动产业，示范带动全县 18 个乡（镇）40 万亩稻田养殖禾花鱼，推动禾花鱼深加工产业和乡村旅游产业发展。二是带动创新，广西桂林绿淼生态农业有限公司研发"稻渔螺生态共作"立体高效种养模式，即田块 90% 面积种植富硒稻，10% 面积深沟养鱼，每亩综合效益可达 1 万元以上。稻渔瓜果生态共作种养模式在全国首届稻渔综合种养模式创新大赛中荣获创新金奖。三是带动品质，把产品品质放在首位，专注生产有机、富硒农产品，示范区"三品一标"认证率达 100%，带动全县农产品整体品质提升。四是带动旅游，重视开发乡村休闲旅游，承办全州县首届中国农民丰收节庆祝活动，开展农事体验主题活动，促进三产融合，2018 年接待游客 2 万人次。五是带动扶贫，吸纳 96 户贫困户以土地、资金入股经营，公司每年召开贫困户分红大会，贫困户领取分红 5000 元以上，带动 72 户贫困户脱贫，每年中秋节给贫困户发放月饼、参与社会公益扶贫行动。

全州县首届中国农民丰收节庆祝活动

二、采取的主要工作措施

1. 统一思想，加强领导。成立以县委书记、县长为组长的示范区创建工作领导小组，下设专门机构和专职工作队伍，印发示范区建设方案。县委、县政府主要领导多次召开现场调研会、办公会推进创建工作，协助建设主体争取设区市资金 1620 万元，整合县级涉农资金 2450 万元投入到示范区建设。

2. 精心组织，科学规划。聘请广西南宁江广合规划咨询有限公司编制建设规划，邀请自治区专家进行评审。规划地方特色突出，符合"突出重点、科技先导、市场导向、机制创新、产业支撑"的现代农业发展要求，符合自治区提出的创建思路、创建目标和创建要求。

3. 加强督查，完善机制。将示范区创建纳入全县绩效考评范围，建立和完善创建工作机制，细分创建任务到各项目单位和经营主体，严格要求创建办每月向县委、县政府统计汇报工作进度至少一次，成立专门督查组，定期深入现场督查，协调解决工作困难和问题，确保创建举措落实到位，创建任务深入推进。

三、创建示范区取得的成就

1.经营组织化不断加强。按照"政府引导、市场运作、企业主导、多元投入"的创建机制，引进自治区水产畜牧行业龙头企业——全州天湖海洋坪养殖场，同时与全州方舟富硒米种植专业合作社签订战略合作协议，实施"经营主体＋龙头企业＋合作社＋农户"的运作模式，形成产、供、销一体化生产链。公司采取这种运作模式，将流转的稻田免费提供给农户种植，免费为农户发放水稻种子、禾花鱼苗种、提供技术培训和跟踪指导、签订产品回收合同，农户负责禾花鱼养殖、每公斤提取管理费10元，负责瓜果种植、每公斤提取管理费2元。公司通过产品回收，实现了农户亩产富硒水稻500公斤、产值3000元，亩产禾花鱼100公斤、产值6000元，瓜果250公斤、产值1500元，每年每亩总收入10500元。除掉农户的生产成本，可创造纯收入8170元，农户每年每亩可增加纯收入3300元以上，大幅度提高了综合效益。实现了零化肥与零农药使用量，真正实现了有机安全食品目标。为当地解决了500余人的就业问题，带动200户贫困户脱贫致富，并且，辐射带动周围7个村委以及全县的农民发展稻渔综合种养，达到了农民增加收入，公司提高效益的双赢的大好局面。

2.装备设施化不断提升。核心区基础设施共投入3500余万元，修建标准稻渔共生稻田3400亩、成品鱼池30亩、龙舟观景船1艘、硬化水泥路10公里、添置生产设施2套、添置仓储物流设备1套、建设童育堂农耕文化体验区、科教建设综合楼，设立科教培训室、文化展示室、疫病观测控制室、溯源室、质量检测室等。示范区建深沟大埂5500余米，设建宽3.5米的带（水泥柱＋木框）瓜果棚深沟60个，进排水渠道2006米，商品鱼暂养池1000平方米，禾花鱼保种池50亩，科技培训楼940平方米（二层），平均宽3.5米、厚0.18米的运输机耕路1500余米。

3.生产标准化不断提高。公司将流转农户的农田统一规划，统一整改，由公司联合合作社组织农户按照《稻渔综合种养技术规范通则》，实行"五统一"（统一规程、统一品种、统一培训、统一品牌、统一销售，分户管理）的生产模式，进行标准化生产，按照农业农村部的政策，将90%的稻田面积用于种植高品质养生富硒水稻，田埂加高加固，建筑占田块面积10%以内的鱼坑或鱼沟，在鱼沟或鱼坑上建设遮荫瓜棚种植瓜果，实现一水多用的目的。生产过程健全了生产档案制度、产地准出制度和追溯制度，示范区产品均符合国家食品安全标准。水产苗种检疫率、养殖废水处理率、病死水产养殖动物无害化处理率等各项指标均达100%。

稻田沟坑生态种植养殖模式

4.要素集成化不断强化。示范区集成技术培训、科研教育、文化展示、电商体验、农村综合改革五大要素，依托上海海洋大学、广西水产科学研究院，加大技术培训，培养一大批懂技术、善经营、会管理的农户队伍，建成广西壮族自治区水产科学研究院示范基地。注重产业文化建设，示范区主导产业文化展示区面积 300 多平方米。大力发展微商电商，在核心区建立网络销售体验中心。

5.产业特色化不断突显。围绕"一田多用、一水多效、一季多收、一业多益"目标，利用全州县土壤富硒特点，推广富硒稻与禾花鱼综合种养新技术，推动全州名特优农产品禾花鱼、富硒米走向全国。注重开发乡村休闲旅游资源，承办全州县首届庆祝中国农民丰收节活动，举办捉鱼大赛活动，让游客亲自参与下田捉鱼、割禾、烧烤烹饪，充分体验农家生活乐趣，促进三产融合农民持续增收，七星村已成为远近闻名的"一村一品"稻渔综合种养示范村。

四、获得的效益

通过对稻鱼共生的农田基础设施改造，稻田可亩产富硒稻谷500 公斤、产值 3000 元以上，产禾花鱼 100 公斤、产值 6000 元以上，田螺产值 1500 元，实现亩产值在 1 万元以上，亩利润 3300 元以上的高产高利高效农业模式，核心区年产值 3500 万元以上。这对于示范区群众来说，增收、增绿、增就业、促脱贫、奔小康一举多得。

五、存在的问题及下一步打算

一是基础设施还不完善。农田水利基础设施薄弱的问题仍没有得到彻底解决，不能满足发展现代农业的需要。二是新型农业经营体系不健全。农民组织化程度依然较低。新型经营主体培育相对滞后，家庭农场发展起步较晚，种植大户发展较慢。

下一步将进一步加强示范区基础设施建设，大力提升现代农业物质装备完善；培育新型经营主体，健全农业社会化服务体系；加大投入力度，强化示范区建设保障措施，确保示范区建成正常运行，发挥长期的经济和社会效益。

第六节 广西禾花忆农业科技有限公司

广西禾花忆农业科技有限公司形象

一、基本情况

广西禾花忆农业科技有限公司是一家集研发、生产、销售、服务于一体农业科技公司。公司以中国水产科学研究院珠江水产研究所科研成果为技术支撑，以绿色生态养殖禾花鱼为支柱产业，通过建立原生态、规模化、产业化养殖基地，形成水产养殖、加工生产、冷冻保鲜、销售贸易、连锁餐饮的三产融合产业链，促进禾花鱼养殖产业健康良性发展，振兴乡村经济。

公司养殖的禾花鱼肉嫩鲜甜，软骨不刺，营养丰富，培育和优化技术在行业中领先，具有创新性和唯一性，可作为淡水鱼优质食材供应市场，开发的十余款时尚流行速食产品，满足不同消费人群的需求。

二、商业运营模式

广西禾花忆农业科技有限公司，构建"基地＋养殖户＋市场"商业模式，产业集群基地建立技术研发中心，以输出禾花鱼优化养殖技术和示范养殖场为目的，招募专业养殖户，向其提供养殖技术、养殖设备、鱼苗和饲料，养殖成鱼后按约定回收，以禾花鱼深加工产品销往市场。

1. 前端技术输出

通过技术支持，促进禾花鱼养殖户向规模化养殖的转变过程，坚持为养殖户提供技术服务，不断提高他们的技术水平和文化素养，使其成为懂技术、会管理、善经营、有文化的"新农人"职业群体。

通过建立科研实验室，进行技术论证和各种实验，再到示范基地落地，向养殖户输出技术，包括优良鱼苗孵化技术、科学喂养技术、微生物种群控制技术、分子饲料合成技术和辅助设备研制，系统向养殖户导入，让技术可控、易掌握，让普通养殖户也能轻松运用整套技术养出高品质的禾花鱼。

2. 后端产品输出计划

目前，公司已开发的禾花鱼系列产品：禾花鱼罐头（豆豉原味、香辣味、麻辣味 3 款）、香辣禾花鱼肉酱（老坛泡椒味）、冻品禾花鱼、禾花鱼鱼干、自热速食方便米饭（多款）、禾花鱼肉酱干拌饭等，已开始投放市场。公司还开发了"联勤野战应急速食品"系列产品为部队和应急救援提供食品服务保障，禾花鱼预制菜产品前期研发工作已经启动。

禾花忆公司产品 1

禾花忆公司产品 2

禾花忆公司产品3

禾花忆公司生产的禾花鱼酱礼盒A款

3. 禾花鱼产品市场布局

未来禾花鱼优化养殖产业链将立足"两广"向域外辐射。

一是充分发挥广西名特优地标产品的影响，打造本土特色农产品品牌，做好"国家级非遗保护"大文章，配合全州县政府到北京召开新闻发布会和产品展示推广。同时，利用禾花鱼"贡品"鱼的典故，进行"贡品回宫"品牌策划，把禾花鱼产品打造成"故宫伴手礼"。

二是利用广东及珠三角的产业优势，通过广深窗口打通香港、大湾区乃至全国连锁餐饮食材供应渠道。同时，继续完善禾花鱼罐头出口东南亚的海关相关备案工作，让禾花鱼产品游向世界。

三是借助水产龙头企业的资源及渠道优势，共同打造"禾花鱼生态养殖三产融合产业集群"，拓展市场渠道。同时，通过与桂柳牧业集团的合作，摸索开发禾花鱼新产品。

四是积极深化与军粮供应以及应急救援食品储备的战略合作。

三、禾花鱼生态养殖三产融合产业集群目标规划

"禾花鱼生态养殖三产融合产业集群"，符合中央《国民经济和社会发展第十四个五年规划和2035年远景目标纲要》中有关"坚持农业农村优先发展　全面推进乡村振兴"要求。产业集群将形成以禾花鱼为地标性的国家级示范基地，强势塑造"国家级地标""国家级非遗""国家级农业优势区"品牌，让广西地标产品禾花鱼游出广西、游向全国、游向世界。

公司以"禾花鱼良种保种、提质增效、产业升级、助农扶农、乡村振兴"为使命，以"打造禾花鱼生态养殖产业集群"为目标，致力推动禾花鱼产业高质量发展，充分发挥全州禾花鱼的地标优势、"国家级非遗保护"的品牌优势，中国水产科学研究院珠江水产研究所的技术优势、广西农垦集团的行业优势、国家战略储备的渠道优势，通过解决禾花鱼的产业痛点，将全州禾花鱼塑造成产业制高点，促进禾花鱼产业向全国发展。

通过禾花鱼养殖产业全面升级、打造禾花鱼生态养殖三产融合产业集群，一方面推动稻鱼共生、优化养殖扩大产能，提高农民种粮积极性，落实粮食安全要求，带动相关农业产品共同发展，增加农民收益、增加政府财政收入，为全州县经济社会发展作贡献；另一方面促进产业振兴、文化振兴、旅游振兴和组织振兴，建设美丽乡村，打造无碳小镇，改善村民居住环境，解决退伍军人、返乡人员安置，直接间接带动更多人就业、培养产业工人，实现产业强、乡村美、农民富的乡村振兴目标。

第七节 桂林海洋坪农业有限公司

桂林海洋坪农业有限公司

　　桂林海洋坪农业有限公司位于亚洲第一高水位电站——桂林天湖电站南麓 100 米处，是一家集畜牧、水产养殖、蔬菜种植、农产品加工、农旅融合、农家休闲于一体的农业公司，公司种养基地紧邻风景秀丽的天湖湿地公园，公司于 2020 年 3 月 20 日由全州县海洋坪生态养殖场提升变更注册为桂林海洋坪农业有限公司。公司现租有土地和草地 5700 多亩，租赁水田养殖禾花鱼 470 多亩，新建标准厂房及流水线先进生产设备，主营天湖东山土猪、天湖牛、全州禾花鱼、文桥小脚鸭、天湖萝卜、天湖土豆等加工系列农产品，总投资 580 余万元，年加工禾花鱼系列产品 25 万余公斤、肉制品 15 万公斤，年收入 5300 万元。

　　公司产品注册商标为"海洋坪"品牌。公司旗下的高山腊味，以天湖地理优势资源的绿色植物和杂粮饲养生态养殖的全州东山猪、

桂林海洋坪农业有限公司产品

天湖高山本地黄牛、高山土鸡、"稻鱼共生"生态养殖的乌鲤禾花鱼等全州名特优农产品为原料，在高山清新空气、高负离子含量的环境下，天然晒脱水，用甘蔗渣、谷壳熏制而成，无色素、无防腐剂、低脂肪、富含人体所需的蛋白质以及多种矿物成分，营养丰富，色泽鲜艳、风味独特，清香可口，是老少皆宜的方便食品和馈赠佳品。"全州东山土猪""全州禾花鱼""文桥小脚鸭"是全州县地理标志性农产品。经过多年的努，"海洋坪"腊肉、腊肠、腊板鸭、腊牛肉、全州禾花腊鱼、全州禾花罐头鱼、全州醋血鸭等产品赢得了广大消费者十分的青睐，产品供不应求。

桂林海洋坪农业有限公司采取"合作社＋农户"的模式，建立线上平台与线下实体展示和展销结合，以订单农业模式发展一村一品，扩大种养基地，带动农户稳产增收，赢得了政府的大力支持，收到了可观的社会效益和经济效益。为创新科技生产效益，公司组建了一支精英专家团队，发明可行性、实用性专利7个，受到了专

海洋坪公司在2022年农民丰收节上宣传推介

家们的高度赞扬。公司于2020年、2021年连续两届获得腊制品系列产品银奖，2021年鲜活禾花鱼获得绿色认证，2021年获得自治区级农业龙头企业称号。

桂林海洋坪农业有限公司营销模式：

营销模式A——爆品先行，带动系列；区域先行带动全域。计划把香辣型禾花鱼打造为爆品；通过禾花鱼建流量池，通过私域流量运营，带动全系列产品营销。

营销模式B——四维私域运营，四维：线上互动分享，线下体验专售，源头参观考察，八桂深度游；内容丰富，活动多多，销售场景多。

营销模式C——八桂绿色食材专卖店，集八桂特产于一体。

桂林海洋坪农业有限公司将永远坚持"用我们的诚心换取您的放心"这一原则，持续以科学的管理，优良的品质，合理的价格，良好的信誉赢得广大消费者的信赖与好评，努力服务助力于乡村振兴，回报社会。

第八节　全州县稻香禾花鱼养殖有限公司

全州县稻香禾花鱼养殖有限公司成立于 2014 年，注册资金 600 万元，养殖基地 200 余亩。公司坐落于素有"广西北大门"之称的全州县北回归线的越城岭亚洲第一高水头水电站脚下全州乌鲤禾花鱼养殖中心的才湾镇内，属于亚热带季风区气候，阳光充足，雨量充沛，土地肥沃且含有较高的富硒元素，素有"鱼米之乡"的美称，有着丰富的人文历史。地处湘桂走廊北端，区位优势得天独厚，自古以来就是桂北湖南的区域中心。公司成立以来，在党和政府以及水产、科技部门的大力支持下，先后建成了种子保护塘 20 亩，成品鱼养殖塘 60 亩，工厂化育苗大棚 2400 平方米，陆基高位循环养殖池 200 个，配套了实验室、资料室、饲料存储室、各种水电设施等，下一步，公司将深度探索全州禾花鱼"纯氧 + 陆基圆池"人工繁育技术。公司得到了自治区水产技术推广站、自治区水产科学研

稻香禾花鱼养殖有限公司禾花鱼繁育基地（蒋儒文　摄）

究院、广西农业工程职业技术学院、桂林市水产技术中心推广站、桂林市农业科学研究院、全州县水产技术推广站、全州县科技局、珠江水院研究所等农业水产相关部门的在线指导和实地服务，2020年以来，公司与中国水产科学研究院珠江水产研究所进行产学研合作，建立了禾花鱼产业化养殖实验基地，为公司发展壮大注入了较大的动力。

公司荣誉墙

公司成立以来致力于人才的培养，有多名专业水产学校毕业的技术人员和有水产养殖经验的工人，并聘请了水产高级工程师对禾花乌鲤鱼进行还原选育、提纯复壮。目前，公司培育原种禾花鱼亲本5000多组，每年面向全国市场提供优质的禾花鱼苗15亿尾，年产成品禾花鱼30多万斤，远销区内外，年产值达到600多万元。另外，公司还引进广西禾花忆农业科技有限公司落户全州，广西禾花忆农业科技有限公司是一家集研发、生产、销售、服务于一体的农业科技公司。公司以中国水产科学研究院珠江水产研究所科研成果为技术支撑，以绿色生态养殖禾花鱼为支柱产业，通过建立原生态、规模化、产业化养殖基地，形成水产养殖、加工生产、冷冻保鲜、冷链物流、销售贸易、连锁餐饮的三产融合产业链，促进禾花鱼养殖产业健康良性发展，振兴乡村经济，助力扶贫。

稻香禾花鱼养殖有限公司禾花鱼繁育基地

全州县稻香禾花鱼养殖有限公司致力于品牌品质的打造，打造"好水，好鱼，好生活"的理念。2020年荣获农业农村部颁发的"国家级水产健康养殖场"并注册商标湘源湾软骨禾花鱼，同时还开发了禾花鱼原种、杂交禾花鱼、禾花鲤乳源一号等品种的设施养殖和传统养殖和加工，目前公司产品有湘源湾软骨禾花鱼鲜活产品、湘源湾软骨禾花鱼速冻产品、禾花鱼罐头、传统禾花鱼腊鱼等一系列产品。

全州县稻香禾花鱼养殖有限公司致力于乡村产业振兴，做好全州本土禾花鱼乌鲤鱼产品开发、养殖、加工、体验模式的挖掘和全州县禾花鱼的文化传承，打造多元化农业和人文旅游为一体的水产产业园区，带动乡村振兴和农民致富。

第九节 桂林全州县福华食品有限公司

桂林全州县福华食品有限公司，位于桂林市全州县才湾镇邓吉村，322国道旁，紧邻泉南高速全州西出入口。该公司自2003年建厂以来一直从事本地农副产品加工（全州禾花鱼、小籽花生、南瓜子等）。2004年该厂荣获"中国桂林旅游食品文化博览会金奖"。现主要从事畜禽水产类罐头加工生产，产品有全州禾花鱼罐头、全州文桥醋血鸭罐头。全州禾花鱼及全州文桥鸭均为全国农产品地理标志产品。

桂林全州县福华食品有限公司

在县政府农业管理部门的关心指导下，该公司十多年来一直与本地养殖种植农户紧密协作，形成产销直链的良性循环。公司每年生产加工禾花鱼系列产品达200吨以上。自2012年获取全国工业产品生产许可证以来，产品各项安全指标均100%符合国家标准。2013年荣获"广西质量诚信联盟优秀企业"。2018年本公司荣获全州县2017年度农副产品加工优秀企业称号。2019年该公司荣获"桂林市十佳乡土销售大户"称号。在巩固脱贫攻坚成果，推动乡村振兴，加快农业农村现代化建设的国家战略方针指导下，该

经师傅牌禾花鱼罐头生产车间一角　　经师傅牌禾花鱼生产包装过程

公司逐步升级加工设施设备，加强技术引进，进一步提高农产品精深加工水平，推进农产品多元开发。采取"公司＋合作社＋扶贫＋基地＋农户"的模式，充分发挥"互联网＋电商扶贫"，依托网络平台，更进一步使全州禾花鱼等特色农产品附加值增高，销量扩大，销路增广，从而带动种养农户稳定增收，助力乡村振兴。

该公司生产的全州禾花鱼罐头系列产品主要有：

一、香辣红油味罐头：该产品是由本地红辣椒干制后熬出红油，并与禾花鱼配置在一起，香辣适中，满口生香。

经师傅牌香辣红油味禾花鱼罐头

二、原味豉香罐头：经过蒸制提香的豆豉配上煎炸过的禾花鱼，两者在高温融合下发出绝妙的香气，吃起来清爽微甜。

经师傅牌原味豉香禾花鱼罐头

三、麻辣酱香味罐头：本地剁椒酱加川椒与禾花鱼调味，酱香四溢，望而生津。

经师傅牌麻辣酱香味禾花鱼罐头

附录一　全州禾花鱼农产品地理标志登记申请人的批复

全州县人民政府

全政函〔2009〕93号

全州县人民政府
关于确定全州县水产畜牧兽医局水产技术
推广站为全州县禾花鱼农产品地理标志
登记申请人的批复

县水产畜牧兽医局：

　　你单位报来的《关于确定全州县水产畜牧兽医局水产技术推广站为全州县禾花鱼农产品地理标志登记申请人的请示》已收悉。经研究，同意全州县水产畜牧兽医局水产技术推广站为全州县禾花鱼农产品地理标志登记申请人，请按照要求认真做好组织申报工作。

二〇〇九年十一月十日

主题词：农业　农产品　地理标志△　函

（共印 10 份）

0007

附录二 全州禾花鱼农产品地理标志地域保护范围的批复

全州县人民政府办公室

关于划定全州县禾花鱼农产品地理标志
地域保护范围的通知

各乡（镇）人民政府，县直有关单位：

根据《农产品地理标志登记管理办法》的规定以及全州县禾花鱼特定的人文历史和自然生态环境条件，在广泛征求意见的基础上，全州县人民政府拟划定全州禾花鱼农产品地理标志地域保护范围为：全州县境内，包括全州镇、龙水镇、大西江镇、才湾镇、绍水镇、石塘镇、咸水乡、黄沙河镇、庙头镇、文桥镇、永岁乡、白宝乡、东山瑶族乡、枧塘乡、两河乡、安和乡、蕉江瑶族乡、凤凰乡。地理坐标为：东经 110° 37′ ~111° 29′，北纬 25° 29′ ~26° 23，南北长 99.23 公里，东西宽 85.77 公里，总土地面积 4021.19 平方公里，稻田养殖禾花鱼面积 54.75 万亩。

二〇〇九年十二月十日

附录三　中华人民共和国农产品地理标志质量控制技术规范《全州禾花鱼》

本质量控制技术规范规定了全州县禾花鱼的地域范围，自然生态环境和人文历史因素，生产技术要求，产品典型品质特性特征和产品质量安全规定，产品包装标识等相关内容。

1. 地域范围

全州禾花鱼的地域范围包括全州镇、龙水镇、凤凰镇、才湾镇、绍水镇、咸水镇、蕉江乡、安和镇、大西江镇、永岁乡、黄沙河镇、庙头镇、文桥镇、白宝乡、东山乡、石塘镇、两河镇、枧塘镇等 18 个乡（镇），皆产禾花鱼。全州县位于广西东北部，地处北纬 25° 29′ 36″—26° 23′ 36″，东经 110° 37′ 45″—111° 29′ 48″，界于越城岭与都庞岭两大山脉之间。境内东西最宽距离 85.77 公里，南北最长距离 99.23 公里，拥有土地总面积 4021.19 平方公里。东北部依次与湖南省的道县、双牌、永州、东安、新宁五个县（市）交界，南部、东南部与兴安县、灌阳县接壤，西部与资源县毗邻，海拔 200—2123.4 米。拥有总水田面积 54.92 万亩，年生产禾花鱼稻田总面积（早、中、晚三糙）达 40 万亩。年生产禾花鱼总量达 8000 吨余。

2. 自然生态环境和人文历史因素

（1）地形地貌

全州县地处越城岭和都庞岭两大山脉之间。地形特点是南部、西北部及东南部群峰耸立，高山环绕，地势较高；西南和东北部较低；中部以河谷小平原为主，间以山丘、台地；整个地形呈西南向东北倾斜的势态。地形地貌有山地、丘陵、平原、台地、岩溶。中山、低山占52.5%，石山占6.47%，丘陵、台地占9.74%，平原占29.44%，河流水面占1.79%，海拔最高为2123.4米，最低为200米。全县地貌分为四个区域，一是县境西部、西北部中山地貌区，主要由加里东期花岗岩组成；二是县境西部及东部的都庞岭北段和南部低山地貌区，主要由碎屑岩碳酸盐岩及花岗岩组成；三是县境中部偏西的大西江、龙水、咸水、安和与蕉江等地丘陵地貌区，主要由古生代碎屑岩为主，和碳酸盐岩组成；四是全州镇南部、石塘镇等和东南部的岩溶地貌区，地下河及溶洞较多。

（2）山脉、河流

东踞雄山是都庞，南横峻岭有海洋，越城龙脉西北去，湘水清流润洮阳。东南部的都庞岭北东走向，蕉江乡的海洋山南北走向，县境西部的越城岭等海拔在1000米以上的山峰79座，其中雄踞中部的主峰真宝鼎海拔2123.4米，为华南第二高峰。其山势险要，雄伟壮观。这些山峰中蕴藏有丰富的铅矿，水晶、银、钨、钢等金属矿、褐铁矿和铅锌矿等矿产资源。

全县境内江河纵横，流径6公里以上的河流有123条，其中干流1条、一级支流20条、二级支流55条、三级支流47条。沿程共2182公里，较大的一级支流有灌阳河、宜乡河、万乡河、长亭河、白沙河、咸水河、鲁塘江、建江。各类河流呈树枝状分布，水量丰富，足供农业灌溉用水，又宜大力发展水电事业。主流湘江，县内流域面积4003.46平方公里，县内流程110.1公里，河床平均宽度约180米，多年平均流量201立方米每秒，平均径流深1087.7毫米。湘水沿岸多平畴沃土，历来为县内农业灌溉的主要源流。

（3）土壤、植被

全州主要属山地地貌，土壤类型复杂。有红壤、黄壤、黄棕壤、石灰土、紫色土、山地草甸土、冲积土、水稻土8个土类，可分为17个亚类，54个土属，137个土种。红壤土185万多亩，黄壤土 92 万多亩，黄棕壤土 20 万亩，分别占林业用地和耕地面积的 43.6%、23.52% 和 4.59%。水稻土总面积 58 万多亩，占林业用地和耕地面积 13.45%，分布在湘江及其支流的两岸和丘陵岩溶低平地域。全州县地处中亚热带，植被发育，以常绿阔叶林和落叶阔叶林的过渡类型为主，次为人工常绿针叶林和天然常绿针叶林。气候差异明显，植被垂直分布也明显。

（4）气候、物候

全州县属中亚热带湿润季风气候区，光照较足，辐射较强，光能潜力较大。太阳年日照时数 1535.4 小时，6—10 月日照时数达 947.6 小时，历年平均气温为 17.9℃，年极端气温最高 40.4℃，最低 -6.6℃，冬春季各 80 天，夏季 130 天，秋季 70 天，冬短夏长，四季分明，无霜期 266—331 天，平均 299 天。农作物生长期长，农作物一年二熟或三熟，尤其适宜水稻、柑橘、银杏的种植。境内年初降雨量为 1474.5 毫米，一年中 3—5 月降雨多，历年平均降雨量 624.4 毫米，占全年降雨量的 42%，其中 5 月份降雨量最大，9—11 月降雨量最少，其中 9 月份最少，仅 54.7 毫米。由于地貌和地势不同，雨量的空间分布也有差异，表现为山区多、丘陵平原地区少，呈递减态势。

（5）人文历史状况

全州县地域宽广，土地肥沃，交通方便，历代人口众多。解放前，全州主要聚居汉、瑶两族。解放后，因工作、商业的需要，外来人口定居，使得全州发展到 17 个民族，即汉、瑶、蒙古族、回族、苗族、彝族、壮族、布依族、朝鲜族、满族、侗族、白族、土家族、毛南族、黎族、仫佬族、水族等。汉族人口占全县总人口 96% 以上，瑶族占 3.92%。全州县自然资源丰富，全县土地总面积达 4021.19 平方公里，其中耕地面积 72.70 万亩，林业用地面积 360 余万亩，发展农业具有得天独厚的自然优势。生物资源丰富，目前发现的植物近 1000 种，动物数百种。勤劳勇敢的全州人民在这一片古老而辉煌的土地上，用热血和苦难写就了 2500 多年的风雨历程，种下了一片片绿荫和一筐筐丰硕的果实。全州素有"桂北粮仓"之称。1987 年被列为全国首批商品粮基地县之一。全州土质肥沃，红壤水稻土遍及全县各地，水源充足，耕层较深，熟化程度高，结构疏松且通风爽水，有机质量较高，有利于发展农业和多种经营。全州属中亚热带季风气候区，光温充足，热量丰富，无霜期266—331 天，农作物生长季节长，雨量充沛，年降雨量历年平均为1474.5 毫米。自秦汉以后，这里便形成了以水稻为主，兼种玉米、红薯、麦类等杂粮的农业布局。据清乾隆《全州志》载："全人非稻不饱，以种稻为恒产。"才湾、龙水、大西江等乡镇，一马平川，远近扬名，古有"长万二乡出白米"之说，解放后，党和政府领导各族人民实行了土地改革，唱响了单季改双季，认土改土，兴修水利，竭力推广杂交水稻和发展主体农业。十一届三中全会后，县委、县政府制定了"钱粮并举，效益为主"，农、林、牧、副、渔全面发展的大搞农业综合开发的政策。大力发展水利事业，新中国成立前，全县仅有保水稻田 13 万亩，到 1992 年，全县共修建引水工程 2152 处，引水流量 69.35 立方米每秒。蓄水工程 1813 处，有效库容 13481 万立方米，7 座中型水库，有效灌溉面积达 53 万亩稻田。党的十一届三中全会后，农村实行了家庭联产承包责任制，极大地调动了广大农民生产粮食的积极性，加快了生产步伐。畜牧业渔业也得以快速发展。1995 年，全州县生猪出栏 104.08 万头，牛出栏 2.4 万头，肉类总产量 8.5 万吨，被评为全国 100 个猪牛羊总产量最高县市之一。全县稻田普遍放养禾花鱼，1995 年，全县稻田养鱼达 30 万亩，产品总产量 6100 吨，被列为全国稻田养鱼大县。池塘、山塘水库、网箱养鱼也得以大力发展。全县河流密布，水位落差大，年均水资源总量 72.69 亿立方米，水能总蕴藏量约 30 万千瓦。从 1959 年全州兴建第一座城关水电站（装机容量 46 千瓦）起，先后建成了五里坪、永红、五福、磨盘、大渭洞水电站，1983 年被列为全国 100 个首批农村电气化试点县。1988 年又拦河筑坝建起了水晶岗电站，装机容量 9600 千瓦。1990 年又开始组建天湖水电站（亚洲第一高水头，水位落差 1074 米，设计装机容量 6 万千瓦），到 1996 年底，全县共有水电站 145 处，装机 189 台，总容量 6.8 万千瓦。其他行业也繁荣兴旺。全州素有"粤西门户"之称，水陆交通自古十分发达。公元前 214 年，秦始皇派史禄修筑灵渠，沟通湘江、漓江二水，串接珠江、长江水系，湘江便成为中原与岭南的主要交通航道（南通梧州，北抵武汉，"三楚两广行师馈粮，商贾百货之流通，唯此一水是赖"），元至顺元年（公元 1330 年），修建了连接中原与岭南的重要驿道，境内设有黄沙河、洮阳、咸水之处驿站。明朝时，上达桂林，下通湖南，贯通了全州的官道，境内设有净界至石梓等 15 铺。清乾隆三年（公元 1738 年），境内驿道增至 8 条，1928 年桂黄公路通车，1938 年湘桂铁路建成，1949 年新建 7 条公路，共长 200 公里，总长 1825 公里的 436 条省道、县道、乡道。村道如蜘蛛网状，纵横交错，连接着 18 个乡镇，265 个村委会，使全州成为粤桂湘三省，五个地区，八个县市的交通枢纽。1992 年又修建了桂黄一级公路，长达 40 公里。湘桂铁路横穿全境 8 个乡镇，沿途设 13 个火车站，境内长 84 公里。1996 年，全州火车站为桂林地区客货吞吐量最大的火车站。全州地处中原进入岭南之咽喉，南北交通孔道，历史上便成为中原和岭南的商品集散地，是沟通中原与岭南的大通道，自古以来，这里就受到中原政治，经济和文化的影响，故而交通、教育、文化发达。近代时，又成为传播岭南文化进入中原的主要途径。物产丰富，交通便利，市场发达，成为邻近几地（市）县的物资集散中心。也形成了独特的"走廊文化"。更生产出了许多土特产品，如："三辣"即辣椒、大蒜、生姜，湘山酒、禾花鱼、五香豆腐干、豆豉和风味小吃如文桥镇的醋血鸭子、全州红油米粉、滚泥豆腐、姜茶与油茶、东山乡的瑶家冬酒等。全州禾花鱼更是风味独特，吃法多样，全州禾花鱼在稻田放养又食落水禾花而得名。可远溯至汉代，唐昭宁年间，刘恂在《岭表录异》中已有详细文字记载，相传清代乾隆皇帝下江南时，在桂林府里品尝到鲜美可口的全州禾花鱼，遂一道圣旨命广西每年把全州禾花鱼贡至清廷。禾花鱼因之成为清代贡品，誉满京城。全州禾花鱼是经过稻田长期放养驯化选育而出，其形态已与一般鲤鱼有明显的区别。形体较短粗，鳞片细小透明，可分为乌肚鲤、白肚鲤、火烧鲤、黄鲤、青鲤和红鲤等多种，其中以乌肚鲤味道最美。全州禾花鱼体肥质美，肉嫩细滑，骨软无腥味，蛋白含量高，是鱼中珍品。蒸、焖、开汤、煎、炸、腊干鱼等十余种吃法，风味各不相同，尤其是肝干鱼既便于携带，又便于存放。解放初期到 20 世纪 80 年代，全州农村家家熏制禾花腊干鱼，并用以招待贵客之重要菜肴。曾有"腊鱼好送饭，鼎锅也刮烂"的民谚。

为了加速稻田养殖禾花鱼的发展，全州县委、县政府自 20 世纪 80 年代以来制定了许多优惠鼓励政策，采取了很多发展稻田养殖的措施，分别在才湾、龙水、凤凰、永岁、全州镇等乡镇进行大面积新技术试验示范，采取了禾花鱼经济作物立体种养模式。引进了罗氏蛫虾、淡水白鲳、七星鱼、田螺、罗非鱼等新品种。2000 年 6 月全州禾花鱼被评为桂林市名牌农产品。2001 年经国家工商局商标局注册了"禾花牌"商标。2006 年、2007 年，我县的龙水、凤凰、才湾 8848.28 公顷的稻田养鱼及禾花鱼产品已取得广西壮族自治区无公害农产品产地证书和农业部农产品质量安全中心无公害农产品证书。从 2004 年起，县水产畜牧兽医局每年拨出几万元经费，用于推广我县凤凰乡 200 亩田塘贯通新模式立体种养示范点，示范辐射面积达 6000 亩连片。全县稻田养鱼取得了 2 项省部级、6 项地厅级的科研成果。

3.生产技术要求

（1）产地选择：全州镇、白宝乡、东山乡、龙水镇、大西江镇、永岁乡、黄沙河镇、庙头镇、文桥镇、枧塘乡、石塘镇、两河乡、安和乡、蕉江乡、凤凰乡、才湾镇、绍水镇、咸水乡等18个乡镇，产地环境质量必须符合《GB11607-89》国家渔业水质标准或NY5051-2001。水源充足（符合SG/T1009要求）。

（2）品种选择：选择全州本地特色的禾花鱼品种，外形为体短、稍侧扁，腹部稍圆。头背间呈缓缓上升的弧形，背部稍隆起。头较小，口端位，呈马蹄形。背鳍起点位于腹鳍起点前。背鳍、臀鳍各有一硬刺，硬刺后缘呈锯齿状。体色肉红色半透明，色彩亮丽，鳃盖乌褐半透明，背部颜色稍深，腹部肉红色半透明，内脏隐约可见。臀鳍尾柄呈灰色，胸鳍、腹鳍灰白色。食性为杂食性，性成熟年龄雌、雄鱼均为1龄，雄鱼略早。繁殖水温18℃—28℃，适宜水温18℃—25℃。

（3）生产过程管理：全州禾花鱼整个生产过程符合《NY5071无公害食品渔业药物使用准则》《GB/T8321.6-2000农药合理使用准则》《SC/T1008-1994池塘常规培育鱼苗鱼种技术规范》以及《DB45/T110-2003广西禾花鱼稻田养殖技术规范》、药物消毒按SC/T1009的规定执行，药物及用药方法参照SC/T1008-1994。苗种放养按SC/T1009的规定执行。鱼种质量符合《DB45/T106-2003禾花鲤的种质标准》要求。并符合全州县稻田禾花鱼养殖基地无公害禾花鱼产品的《全州县稻田禾花鱼生产质量控制措施和全州县稻田禾花鱼生产操作规程》。

（4）产品收获：产品收获按常规方法。注意防止损伤鱼体造成损失及影响卖相。最好是带一定水位操作，收获产品符合《DB45/T106-2003禾花鱼商品鱼的规格》要求，实行捕大留小。早稻收割前将达 50 克以上商品规格起捕上市。未达规格的继续饲养，到晚稻收割时起捕，仍未达规格的继续饲养至来年达规格为止。捕鱼时，先疏鱼沟，打开排水口，缓缓排水，使鱼自然集中于鱼坑或鱼沟中，用捞网捕获。

4. 产品典型品质特性和产品质量安全规定

（1）外在感官特征

禾花鱼体短，腹大，头小，背部及体侧呈金黄色或青黄色，鳃盖透明，腹部紫褐色皮薄，半透明隐约可见内脏，全身色彩亮丽，性格温驯。

（2）内在品质。肉多刺少，骨软无腥味，肉质细嫩清甜，鲜嫩可口。全州禾花鱼每 100 克鱼肉含蛋白质 ≥ 14 克，脂肪 ≤ 4 克，每千克鱼肉含钙 ≥ 500 毫克、锌 ≥ 28 毫克、铁 ≥ 15.5 毫克。

5. 包装标识等相关规定

（1）包装：鲜鱼采取包装销售，按体型、体色、体表完整度分级包装，包装袋采用内包装为尼龙薄膜氧气袋，外包装为纸箱。腊鱼采取内部真空包装，外层为纸箱包装。

（2）标识：标志使用人应在其产品或包装上三分之一使用农产品地理标志（全州禾花鱼名称和公共标识图案组合标注型式）。

（3）其他：全州禾花鱼的贮藏、运输执行 NY/T1056-2006《绿色食品贮藏运输准则》。

参考文献

1．全州县志编纂委员会．全州县志［M］．南宁：广西人民出版社，1998.

2．广西壮族自治区水产研究所，中国科学院动物研究所．广西淡水鱼类志［M］．南宁：广西人民出版社，1981：19—20，137—143.

3．杨德华等．池塘养鱼学［M］．北京：农业出版社，1990：72—80.

4．蒋云龙，闫晓琼．浅谈全州县稻田养殖禾花鱼的历史、现状及如何向产业化发展［J］．渔业致富指南，2009（1）.

5．黄洪元，李琼花，肖调义．郴州高山禾花鲤鱼苗种培育技术总结［J］．当代水产，2017：96—97.

6．唐佩兰，李荣军．鱼苗鱼种繁殖与培育技术［M］．南京：江苏科学技术出版社，1995：48—49.

7．石道全，陈文静，石焱．鱼用饲料与配方调制［M］．南昌：江西科学技术出版社，2000：98—99.

8．耿明生，李玉堂，张弢．微生态制剂在培育大规格鲤鱼种上的应用技术研究［J］．中国水产，2012（8）：64—65.